U0363062

AI, 2045

[日]日本经济新闻社———编著

汪洋———译

中国青年出版社

前言

随着无人驾驶汽车、机器人、无人生产线等产物的出现和普及，现在人工智能（AI）技术开始活跃在各个领域。而且人工智能即将超越人脑智能进入奇点时刻。我们必须认真思考人类如何与它共存，然而共存之路并非坦途。

在将棋（日本象棋）的人机大战中顶尖职业高手败北，人工智能的威胁在将棋界已不是空穴来风。而将棋第一人羽生善治的应对之策令人关注。他积极地学习职业将棋手想不到的将棋软件的精妙布局，努力地提升自己。他坚决的态度得到人们的赞赏，将棋的受欢迎程度也丝毫没有因为人败于机器而下降。

商业社会同样受到很大冲击。人工智能与机器人即将取代人类一半的工作岗位……听到这种预测我们心存不安。果真如此吗？

迄今为止人类发明了许许多多的技术，从用石头做工具到发明机器，生产力得到了飞跃性的提高，电话使得远距离对话成为可能，而互联网更加拓宽了人们的交流空间。

由于这些技术，人们失去了很多工作。但是另一方面，经济发展了，人们的生活变得更方便了，一些工作是失去了，但更多的新工作又出现了。如果我们敌视并拒绝接受新技术，人类社会就不会有现在的繁荣。

也许人工智能比过去所有的技术都难对付，但是为了人类的进步，我们必须学会操纵它。

本书是将日本经济新闻报的连载文章《AI 与世界》加工修改后编撰而成，并改名为《AI，2045》。

本书刻意回避了有关人工智能的技术层面的问题，书中介绍了一群虽预测到了人工智能的威胁却不排斥它，反而向它学习，努力探寻与之共生共存之道的人。面对人工智能，这些人看到了人类的弱点，也清楚地认识到人工智能超越人脑的可能性。人工智能日趋进步，人类也必须要改变自己，希望通过此书向读者传递我们的心声。

日本经济新闻社

2018 年 5 月

目录

V

VI

第五章 毋庸置疑的现实 _171

1

机器人也要负法律责任——培养机器人的伦理观 _172

昆虫植入机器人

监视高频交易

2

"宝贝"就在我们身边，处于休眠状态——能活用这些数据吗？
_182

时隔 27 年的重逢

第 一 章

探索
2045 年

1 初探
未知世界

003

AI 是人类科技的飞跃还是考验

2045 年人工智能（AI）将超越人脑智能迎来"**奇点**"时刻，这并非荒诞无稽之说。到那时，开始洞悉人类内心世界的人工智能将会动摇社会、国家、经济，改变历史。这到底是人类科技的飞跃还是考验？而整个世界却已向着这一天进发。

在已有一千多年历史的中国北京的古寺有一位机器僧。

"我老婆爱发脾气，很烦人。"

"你们只能生活在一起，我不建议你们离婚。"

身高 60 厘米的机器僧"贤二"来到寺内为大家解开日常的烦恼，周围的游客纷纷说"心情舒畅了"。"贤二"学习了海量的高僧们讲经的内容后，开始为人们排忧答疑。来访者中有众多的

术语解释

奇点 —— 超越人脑智能的历史性分歧点，是未来人工智能超越人脑智能的起点。谷歌在册的发明家雷·库兹韦尔（Ray Kurzweil）预测奇点将于 2045 年到来。到那时，也许人工智能会自己制造自己，还可以在计算机中再现人脑的活动。

年轻人，他们说请教"贤二"比请教人心情舒畅。

负责研发"贤二"的贤帆法师说："贤二来了之后古寺火了，关心佛教的人多了起来。"此时，人们想到了人工智能。

对于人工智能进入佛教殿堂，贤帆法师果断地说："宗教与人工智能不矛盾。"

创作畅销金曲

"现在，全美金曲排行榜中，人工智能创作的歌曲占了2%～3%，二十年后也许将达到80%。"加州大学圣克鲁兹分校（University of California，Santa Cruz，UCSC）的大卫·古柏（David Cope）名誉教授一脸严肃地说道。他自己研发的人工智能已经创作出一千首曲子并已获得版权。

2016年10月上旬，当采访住在圣克鲁兹分校的大卫·科普时，他正在播放人工智能创作的新曲。旋律轻松活泼、温馨甜美，令人不禁想起了莫扎特。科普说当向听众明说是"人工智能作的曲"时，曾遭到听众们的大骂。虽然有这样难堪的经历，但科普并不介意。他说："人们应该能渐渐习惯。"稍加注意我们会发现人工智能已融入我们的日常生活。

电话也好，飞机也罢，人类研发的科学技术拓宽了人的能力范围，促进了文明的进步。

日本直木奖获奖作家朝井辽也开始认真地考虑与人工智能共同创作之事。自己先找到值得写的小说题目，然后让人工智能按照这个题目设计故事梗概和出场人物。场景设定好后朝井就开始全身心投入写作之中。虽然已经尝试着让人工智能写一部简单的小说，但他想与人工智能合作更有效地发挥自己所长。"如果基本框架错了的话……"朝井说以前即使故事梗概定下来了，在写的过程中也会越来越不安，整日烦恼。"现在有了人工智能的帮忙就不会迷茫了吧。"朝井将与人工智能一起探索超越自我界限之路。

然而人工智能真的是可以信赖的伙伴吗？还未可知。美国麻省理工学院（MIT）媒体实验室的伊藤穰一所长说："人工智能甚至有可能在加大力度学习'歧视'这种人类的陋习。"

运用于武器制造，核武器将卷土重来

2016 年 10 月 1 日，在耶路撒冷，一群身着卡其色军装、怀抱机关枪的士兵吸引了行人的目光。受到敌对的阿拉伯各国围攻的以色列在加紧开发用于加强军事力量的人工智能。下一步以色列将目标锁定在了"脑科技"。

给予此项事业援助的以色列脑科技（IBT）的米基·邱思拉透露：
"在以色列，军人出身的一群人创立了十多家脑科学研究的公
司。"首先是在医疗领域的运用，出现了一批研发下载大脑技
术的公司，即联网将大脑中的记忆、功能下载到计算机中，让
人工智能像人一样随机应变。如果能应用在赛博（Cyber）或机
器人上，其性能将会得到飞跃性的提高，可人们十分担心如此
高端的人工智能技术会被运用在军事上。

"继火药、核武器之后，人工智能将引发第三次世界大战。"2015
年 7 月，美国民间团体生命未来研究所（Future of Life Institute）
发表了禁止研发智能武器的公开信，上面有特斯拉（Tesla Model
S）的董事长兼首席执行官埃隆·马斯克（Elon Musk）等 2 万人
的签名。然而却没有不让核武器卷土重来的保证。如果有人使
用智能武器，世界将陷入危机。

人工智能是神？是魔？与这个未来的智者遭遇后，人类的历史
将进入一个新的阶段。

事例

人工智能在以色列
——应用于急救治疗

在以色列，不乏诸如胶囊内视镜（Capsule Endoscopy）、海水淡化等居世界前列的技术，现在 AI 创投事业纷纷出现，记者到实地去做了采访。

2016 年 9 月下旬，在以色列最大的商业城市特拉维夫（Tel Aviv）郊外的某个购物中心的一角，有一间被人体、心脏模型包围着的办公室，十几位年轻人正目不转睛地盯着计算机断层扫描（CT）的图像。

在一家 AI 医疗影像公司 Zebra Medical Vision，像肉眼难以发现的癌症、心肌梗死的早期发现等 AI 医疗的开发已进入佳境。这里的首席执行官（CEO）兰德·本杰明（Elad Benjamin）说："随着开始使用人工智能，医疗行业将一改前貌。"

另一家公司 Medua Matha 也将人工智能技术应用到医疗中。AI 通过读取 CT 拍摄的大脑的影像，预测被运到医院的患者是否有脑出血的风险。联合创业的罗伯特·梅拉说他们期待"未来这项技术能在（人手不足的）急救室等场合，为医生诊断提供帮助"。计划将于 2017 年初在美国进行临床实验。

军人出身的创业者在以色列备受瞩目。有很多是在军队的实验室相互认识，并通过运用军事技术而起家的。军方也在致力于开发人工智能技术，于是相继出现了 AI 创投。

开发出能自如地与人对话的人工智能的 Wonder 语音技术的 CEO 格尔·迈拉麦德原来也是军方的技术人员。与用传统语音对话的 App 完全不同，Wonder 是将家电、空调、立体声音响等连接在 facebook 的 App 或网络上，用语音激活。

例如，向智能手机发出"邮件到了吗？""请开空调"之类的命令，人工智能会立即做出判断并发出相应指令。格尔·迈拉麦德说："听从声音的指令是第一阶段，将来人工智能还会预测人的行为并提前发出指令。"未来人工智能会更加贴近个人需求。

将人工智能应用于时尚领域的是 Hekusa。在网购等电子商务（EC）领域，大多展示的是模特穿上样品的照片，但像袖子内侧等部位是看不到的。而 Hekusa 开发的人工智能可以通过两张穿着样衣的模特的照片，用电脑再现出衣服的全方位立体图，可以从上下左右各个角度观看。将此技术导入 EC 后，查看并购买的人数增加了 93%，差不多是翻倍。

首席技术官（CTO）乔纳森·克拉克说："延长浏览网页的时间，就能提高购买欲。"Hekusa 今后会向美国耐克（NIKE）等著名品牌推销这一技术。

在以色列，有 8000 家创投，人工智能应用已进入医疗、广告、网络安全（Cyber Security）等领域。格尔·迈拉麦德说："人工智能是一项跨领域的技术，必然会像 IT 那样活跃于各行各业。"来自以色列的 AI 创投公司正源源不断地走向世界。

2 公正的
新部长原来是……

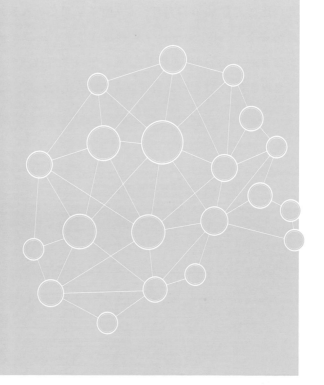

使用 AI 还是被 AI 使用

最近，就职于美国首都华盛顿一家大型律师事务所 Covington & Valing 的爱德华·里皮律师在办理大案时几乎都用上了人工智能。因为一旦资料和证据未整理好，法官就会叮嘱他说："要好好运用人工智能技术啊！"

在美国，取证是律师的主要工作之一，现在都由人工智能来做。人工智能一边读取邮件等海量的数据一边提取需要的信息。以前这是刚出道的年轻律师的工作，但现在只需告诉人工智能要找的证据的特点就行了。里皮说："由于减少了律师取证开销，向顾客收取的律师费也降低了两成多。"

在这家事务所，职员培训的重点项目是学习人工智能。熟练操作人工智能也成为职员晋升的条件之一。人工智能今后会取代更多律师的工作。我们已经进入不会操作人工智能就会被人工智能淘汰的残酷时代。

不用察言观色，便可做出基本评价

今后你的公司也会全都是 AI 职员。这里是伦敦西北部的米镇（Militon Keyness）。在米尔顿·凯恩斯（Milton Keynes）运输系统科研公司智能机器人"贝蒂"（Betty）正在工作，"贝蒂"在公司担任见习部长。他每天在公司巡视办公室；通过摄像机了解人员、零部件的配置；评估员工工作状况。

2016年6月，刚引入"贝蒂"之时，职员们都说："这下工作轻松了。"然而不知道这份激动会维持多久。做研发的伯明翰大学（University of Birmingham）尼克副教授非常清楚职员们的工作状况，于是明确道："总有一天人工智能会发出辞退员工的指令的。人工智能不用察言观色就可以做出基本的人事评价。"他极力强调人工智能的能力。原本是使用人工智能，却不知不觉地变成了被使用者。

AI 有可能代替总经理

也许人工智能能做高层管理者，OLT（东京都江东区）的米仓千贵社长正在研发可以模仿自己的谈话、表情、习惯的3D智能总经理。他说："这台3D人工智能可以代替我80%的谈话业务。"

"该如何处理职员们的待遇问题呢？"……白天他忙着回复部下的这些问题，等做好相关业务规划已经半夜了。于是两年半前米仓萌发了自动回复这些烦琐的人事问题的想法。他开发了一个自动回复功能，将部下发来的邮件分为几个模块分别回复。

米仓说："部下并不知情，而是按照邮件的指示认真执行。"因此米仓发现虽然总经理之职需要果断的决断力，但很多情况下是可以由别人替他做批示的。

进入人工智能时代后，人类的工作岗位将减少吗？未来学家美国斯坦福大学（Stanford University）教授保罗·萨福（Paul Saffo）回答道："机器虽然砸掉了一些人的饭碗，但是新兴产业又诞生了，人工智能也是如此。"

19世纪，英国开展了一场轰轰烈烈的工业革命，手工业者为了抵制夺走他们饭碗的机器，于是爆发了卢德（Luddites）运动，大量地破坏纺织机。然而英国却在印度生产廉价的棉纺织物，于是棉纺织业得以发展。1839年人均国内生产总值（GDP）比1750年增加了40%，就业也增加了。流水不复回，作为机器的使用者最好多想想我们未来如何发展下去。

访谈

总经理的分身
——将谈话模块复制进 AI 中（OLT 公司米仓社长）

人工智能在逐步取代人的工作，做人工智能创投的 OLT 公司也在为自己的终极目标努力着——制作米仓社长的分身。他们先制作了米仓千贵社长的 3D 容貌图，然后再复制进米仓的声音和谈话模式。他们的目的到底是什么？记者采访了米仓先生。

问：你为什么要制作人工智能的自己？

答：自创业当了社长之后，发现像人事之类的工作多得超出我的想象。我擅长的是规划，可一整天的时间都被面试、签文件、建人事管理体系等工作占用了，只有到了深夜才能静心研究公司的战略，效率实在太低。职员们什么事都要让我做决定，忽然我想很多事情是否可以交给机器做呢？有关工作上的谈话，重复的内容相当多。坦白地说，在被问到的问题中有 60% ~ 70% 都是以前什么人问过的。两年半前，我们将职员的提问进行分类，开始开发自动回复系统，并在网聊中进行尝试。职员们并没有发现这是自动回复，不过一旦揭穿他们便不再相

人物介绍

米仓千贵：生于 1977 年。1999 年肄业于爱知大学文学系。自学生时代开始，就加入了日本电子书分销商 Mediado，成为一名销售手机的工读生，2001 年就任该公司董事。2004 年设立了创投企业，2014 年将其出售。同年，为开发富有个性的"个人人工智能"，创立了 OLT 公司。与日本国内外的研究机构联合，致力于开发导入了文字并深度学习了声音解析、机械原理的人工智能。

信这些答复，还会直接跑来问我。但是，如果再深入开发一下，在人工智能的回复后面加上我的签名，我觉得这也能达到我在和他们谈话的效果。

问：米仓先生是如何将自己的思维复制到人工智能中的呢？

答：首先让人工智能学习我平时使用的社交网站（SNS）、邮件内容、用手机的全球定位系统（GPS）测到的我的位置信息。然后由我朗读选定的 100 篇文章，让人工智能学习我的声音，这样就能复制出我的说话方式。对于我的一些说话习惯与谈话内容的关联性会用我们自己的算法（Algorithm）将其数字化，然后人工智能会学习这些数据。人工智能还会通过文本、声音读取对方与我的关系，这样，就可以代替我与对方谈话了。例如，当平时经常与我交谈的秘书问我日程调整的事情时，人工智能会用最符合与秘书交谈的说话方式，从我的日程安排数据库中找到最适合的答案告诉秘书。最合适的答案未必与事实相符。当休假中的我被问到"现在在哪儿"时，它会根据我与对方的关系做出与"事实不符"的回答。这就是我要开发的人工智能。

问：为什么还要做自己的 3D 像呢？

答：因为除了文字、声音，如果再用上替身这种带有视觉效果的谈话方式，能相互传递更多的信息。举手投足间也能传递说话者本人特有的情绪。比如我有一边说话一边摸胡子的习惯，其实这个动作表明我正在思考。只有让人工智能将这种带有个人色彩的动作表情都学会，才能实现完美无缺的复制，进行最真实的交流。

问：何时研制完成?

答：希望 2017 年 1 月至 2 月间，制作完成能模仿我的言行举止的 3D 替身，2017 年年中开发出模仿系统的成品，这样就可模仿除我以外的其他人的外貌和言行举止。并且一年半后，在公司内外，实现面谈或说明会等场合 80% 都由人工智能代替我完成。三年后也许人工智能能为我的经营判断提出建议。不过无论怎样，人工智能对我来说都只是一个方便的工具，不可能超越我。

人工智能可以通过深度学习找出最佳方案，却难以开辟未知的领域。而天才的经营者就具备这样的灵感和嗅觉。现阶段且不说米仓能制造出灵感和嗅觉超越他自己、能自行做经营决断的人工智能，即使让人工智能全面地学习现有的超凡的经营者们的思考模式，某些方面它仍然逊色于人类。另外，正如当知道和自己在网上聊天的不是社长而是人工智能后职员做出的反应那样，职员们会听从人工智能的指挥吗？他们想在人工智能的手下工作吗？让人们接受人工智能可能要比攻克人工智能技术上的问题更严峻。（编者：濑川奈都子）

事例

AI 改变了律师、会计师的工作方式

人工智能也正在改变靠知识和经验一决胜负的专业性强的工作的工作方式，例如律师和会计师的工作方式。人工智能比人更胜任从堆积如山的文件中找出与诉讼相关的证据。人工智能能做的事让人工智能去做，人则集中精力去做只有人能做的事情，现在人们渐渐都采取这样的工作方式。

贝克－霍斯特勒（Baker & Hostetler）是一家大规模的律师事务所，它坐落在华盛顿市内的高层大厦中，走过贝克－霍斯特勒宛若高端酒店大厅似的前台，有一间事务所自己的图书室，里面摆放着案例集和相关论文，然而这里却空无一人。"最近很少看到年轻律师来这里，我年轻的时候差不多天天来。"律师吉伯·凯特尔塔什（Gilbert Keteltas）感叹道。

三四年前，该事务所引入了人工智能程序，用以从数量庞大的邮件、文书中找出所需的证物为诉讼做准备。以前需要年轻律师夜不归宿地在图书室查找证物的工作现在全由人工智能替代了。

程序提供者是从事数据分析的 FRONTEO。大约在 2013 年，该公司的执行董事白井喜胜就指出，"关于使用人工智能的想法，美国的法官们从'可以试试'改变为'还是用 AI 人工智能好'"。

即使法官定了开庭的日期，在开庭前律师若没有完成取证，仍不得不延缓开庭。如果频繁延期，这对本来就事务繁忙的美国法院来说就是一个负担。"这表明他们想避免频繁延期这样的事情发生。"（白井执行董事）

在美国，律师的事务分两类，即在法庭上唇枪舌剑的律师和开庭前做调查取证并分析物证的律师，二者收入相差很大。一位律师耸耸肩说："也许人工智能的出现使差距变得更大。"

因东芝的财务造假问题而受到日本金融厅行政处分的新日本监察法人也引入了人工智能系统。人工智能不仅改变了律师的工作方式，也正在改变着业务结构。

以前那些由会计师负责的检查财务上的各种报表等简单的工作，现在都交给了人工智能。如今会计师主要承担咨询等业务，如听取客户（企业经营者）的要求、指出财务上的问题等。

为了让会计师能够准确了解企业客户的真实情况，新日本监察

法人请来了东京大学研究生院的教授做讲座，并引入新的研究
项目，一系列改革紧锣密鼓地进行着。虽然东芝的财务造假问
题大幅降低了其信任度，但该公司希望通过改革挽回局面。

人工智能正迅速地改变着人们的工作方式，如今人们正努力寻
找更符合人且只有人能做的工作。然而，那些肯定"只有人才
能做"的工作今后也一定会慢慢减少。

3 没有诺贝尔奖的日子
——还能保持一颗好奇心吗？

宇宙是由什么构成的？自古希腊哲学家德谟克里特等提出了"原子论"开始，人类就一直在寻求答案。现在有人要把这个人类最大的谜团交给人工智能来揭秘。

瑞士日内瓦郊外的欧洲核子研究组织（CERN），正在用人工智能检测占了宇宙 30% 的暗物质。用直径 27 千米的环形加速器模拟宇宙瞬间的"宇宙大爆炸"，再由人工智能通过画面识别将其描绘出来。"如果人工智能发现了暗物质一定能获诺贝尔奖。"皮埃里尼研究员说。

挥之不去的担忧

然而，项目负责人乌拉基米尔·古力果洛夫一直有一个担心："因为只有结果，不知道其过程，会招来人们的质疑吧。"由于人工智能导出结论的计算极其复杂，人们事后很难探明得出此结论的原因。这称之为"新黑箱"，是人工智能进行复杂计算后的产物。

虽然取得了诺贝尔奖级的成果，可讲述发明故事的不是人而是人工智能。代表人类最高智慧的诺贝尔奖被人工智能掌握了主导权，人类还会继续热衷于科学研究吗？在 CERN 掀起的这场讨论中，大家提出了人工智能进化之后人类存在的价值是什么这样的问题。也有人动摇了，他们提出让人工智能自己颁诺贝尔奖。参与此次日美欧联合项目的索尼计算机科学研究所所长北野宏明正带领大家展开研究，他们的目标是到 21 世纪中叶获得诺贝尔奖。

对于这个目标北野是有胜算的。"大量读取发表的论文，超高速地提出数量惊人的假说，然后进行反复的验证。"这是人工智能的强项。人工智能以绝对的速度和数量向人类的灵光闪现和偶然的发现发起挑战。

英国曼彻斯特大学的罗斯·金教授也是此项目成员之一。他让自己开发的智能机器人（Eve）分析乳腺癌的发病机理，Eve 学习了 15000 份论文、病例，并于 2017 年写出了论文。"你是说诺贝尔奖？一定能获得，只是还不知道什么时候。"金一本正经地说道。

探索人类的能力之旅

"20××年的诺贝尔奖将被人工智能独占。"如果真有那么一天……

名古屋大学名誉教授宇宙物理学家池内了先生认为"人类所拥

有的本能正在衰退"。人类发明了汽车、飞机，活动范围一下
子迅速扩大了，但另一方面，越先进的国家人们的腿脚越无力，
在美国肥胖人群蔓延全国。身体上的变化也会影响到大脑。

爱因斯坦曾经说过："对神秘谜团的感知是人所拥有的最美最
深奥的东西。"即便人工智能超越了人脑智慧，其探寻揭秘的
好奇心却和人没有差别。人工智能开始探寻自己所没有的人的
能力。

访谈

获直木奖的作家与 AI
——想把舞台设定交给 AI（朝井辽）

由人工智能创作的小说将通过"星新一奖"的初选，人工智能在文学界也渐渐地受到关注。人工智能成为小说家的那一天真的会到来吗？为此，记者采访了梦想与人工智能合作写小说的直木奖获得者——作家朝井辽。

问：您为什么对人工智能如此感兴趣？

答：听说人工智能擅长寻找实现既定目标的最短距离，这正是我现在最想要的能力，所以我对人工智能很感兴趣。我写小说的时候，通常先为要写的主题定下精彩的结尾，然后照着这个

人物介绍

朝井辽：1989 年生于岐阜县，2009 年凭借《桐岛，不要参加俱乐部活动》（获小说云雀新人奖）而崭露头角。2013 年出版的《何者》获直木奖，此外，还著有《黑桃 3》《武道馆》，随笔集《费时的闲暇》等。

精彩结尾开始写作，但是最花时间的就是创作合理的情节。

这个精彩结尾的主人公应该是男的还是女的？如果是男的话，他是城市人还是小地方人？收入是多少？……枝生出无数的选项，当然是想尽量多地尝试之后开始正式地动笔写，但没法一个一个地尝试，为此而心急火燎。但是人工智能就不同了，我把目的告诉它，它就会朝着这个目标进行深度学习，然后在导出各种模式的同时告诉我最合适的答案。

特别是当想按自己的方式改写早已为世人所熟知的卡塔西斯[1]（katharsis）题材时，人工智能起到了相当大的作用。例如关于体育方面的小说，你会被要求写"弱队最终获胜"的卡塔西斯题材。而这类题材的故事情节就算有一些细微的差别，套路都差不多。如：成为朋友后产生矛盾分手了，这时出现了竞争对手，于是团结起来与对手竞争却又受伤了……像这种类型的小说，创作空间很小，作家很难发挥个性，于是我想试着求助于人工智能。

1　卡塔西斯：即拉丁文 katharsis 的音译，作宗教术语是"净化"的意思；作医学术语过去一直认为只是"宣泄"的意思。自文艺复兴以来，许多学者对"卡塔西斯"有不同理解。我国学者朱光潜先生主张"净化说"，罗念生先生则把"卡塔西斯"译为"陶冶"。在戏剧中"卡塔西斯"具有宣泄、净化、陶冶和升华的用意。如：通过悲剧情节或悲剧人物的安排，读者或观众在观赏悲剧的同时产生了怜悯和恐惧之情，从而自身的情感得到了宣泄等。

听说国外是先让人工智能写音乐剧的脚本，我非常理解。毕竟说到音乐剧，已经有很多人们熟知的经典的卡塔西斯题材。

问：作家对剧情外包没有什么要求吗？

答：如果作品的内容是作者的新发现或价值观，以及对社会的一些思考，那还是想自己设计剧情。但有时也会想写卡塔西斯，这样的小说剧情不需要加入作者个人的想法，所以也许大家都不会拒绝剧情外包吧。如何在语言表达中体现作家个人的特点才是最重要的，所以当作家按人工智能写的剧情开始写小说时就会考虑写出自己的特色。

比如我最近完成的一部小说《不如愿的我和你》，费了好大劲才确定了以"音乐世界为舞台"，我当时想要是有人工智能该多好啊，它可以帮我从众多的舞台中找出最合适的一个。不过就算是将音乐作为舞台开始执笔写作，我脑子里仍然萦绕着"以音乐世界为舞台行吗？"这样的担心，可我已经没有时间换舞台了，如果有人工智能反复帮我试验的话，我就不会心虚了。

问：让人工智能设计推理小说和悬念小说的故事情节也很高效吧。

答：像密室逃脱、没有不在现场的证据等，这种简单明了的故事情节让人工智能写的话会更快。但是听说人工智能没有对某个领域或目标进行训练和学习的话，是不会做出行动或决策的。因此以目前人工智能的水平，还不能像作家那样撰写带有探索性或纯文学的小说。

问：现在正盛行尝试由人工智能撰写小说，那么你认为人工智能是否会自己创作呢？

答：结局简单的故事马上能创作出来，但就词句而言还是人类更胜一筹。例如，像"樱花盛开了，好美啊！"之类，人工智能马上就能写出来，可人就会写出"樱花盛开了，我心悲伤"这样的句子。虽然句式上前后矛盾，但其中要表达的内容只有人能体会到。人工智能还需要很长的时间才能写出"大家玩得正尽兴，我却哭了"这样的句子吧。

问：您如何看待人工智能对社会和世界带来的影响？

答：一般都会从人工智能对人类构成威胁这样的话题开始。作为一个小说家，我对人工智能是肯定的。毫无疑问，人工智能对作者来说是非常方便的工具。但并非是能做人类的工作就可以完全替代人类。如今炒菜锅已经普及，可人们也在吃生食啊。所以并非人类被人工智能的洪流所吞噬，而是人类从此可以选择是人工智能做还是人来做。比如在文学界，完全有可能由人和人工智能共同创作剧情。即使将来人工智能可以从头至尾自己创作小说，也只不过是诞生了一位 AI 作家，不可能淘汰人类作家。到那个时候，读者自然而然会选择是读作家写的小说还是人工智能写的小说。（近藤佳宜）

事例

准确率高达 90%
——AI 预测歌曲销售排行榜

诺拉·琼斯（Norah Jones）是美国爵士歌手的代表，魔力红（Maroon 5）是与其有相同实力和受欢迎度的摇滚乐队。如今这两个代表美国音乐界的艺术家都在做同一件事——人工智能担负起了一部分预测热门歌曲的工作。

着手这项工作的是一位叫马克·莱迪的人。他创立了 Music Xray 并就任 CEO，这是一家用人工智能做热门歌曲分析的创投企业。马克·莱迪说早在 2002 年成立这家公司之前，他就曾受一家唱片公司的委托用人工智能来分析歌曲。

在对诺拉最新发行的专辑中收录的歌曲做分析时，人工智能就计算出 12 首歌曲中的 10 首有 90% 以上的概率成为热门歌曲，结果销售情况还算满意，不过人工智能的分析结果一经媒体报道就受到各方关注，最终在全世界走红。其中的 *Don't Know Why*（《不知为何》）还成为成名曲。

魔力红乐队当时在另一家唱片公司发行了第一张唱片，其中的一首歌作为单曲发行，但马克·莱迪通过人工智能分析出另一首能够成为热门歌曲，于是公司也以单曲的形式推出了这首歌，这样，一直默默无闻的唱片开始慢慢销售出去，最后更创造了超过 1000 万张的纪录。人工智能选出的 *This Love*（《这份爱》）至今仍然是魔力红乐队的代表作之一。

为什么 AI 能判断出这些歌曲会成为热门歌曲呢？马克·莱迪笑着说："这就是 *Don't Know Why*，人工智能为什么做出如此判断我们也不完全明白。"它根据迄今为止收集的热门歌曲的旋律和节奏，再参考促销费计算出每首歌成为热门歌曲的概率。但是人工智能又是如何得出这样的结果的呢，马克·莱迪本人也不清楚。

目前，马克·莱迪运用人工智能来分析艺术家们创作的歌曲，然后按照成为热门歌曲的可能性进行排序，并以此开展商业活动。他说："我已经建立了一个系统，用人工智能预测制作人是否对这首歌感兴趣并算出其概率"，"它如同一个过滤器，提前剔除大家不感兴趣的歌曲"。

艺术家要成为大腕少不了唱片公司的专业人士的帮助。但是专业人士们没有时间将艺术家们创作的大量的歌曲全部听完。马克·莱迪研发的人工智能分析了过去的热门歌曲的旋律和节奏以及称作"东方女性主唱"的专业人士追求的曲风，与 26.5 万位艺术家送来的歌曲进行对比，算出专业人士对这些歌曲的关注度。艺术家们根据数据就能够了解推销成功的概率，专业人士也能够选出优先听的歌曲。马克·莱迪建立了这样一个预测系统，并向艺术家们收取注册费。

另外，人工智能也开始向作曲方面发展。加州大学克鲁兹分校名誉教授大卫·古柏透露："曾用人工智能为在美国很活跃的两个流行乐队作曲。"

20 世纪 80 年代后半叶，他免费提供了大约 30 种记录有旋律及和弦进程的乐曲素材，全都是由自己研发的人工智能创作的。当时，对方要求签保密合同不准透露消息。教授说："乐队方面可能也害怕听众排斥。因为如果不告诉听众他们听的是人工智能创作的音乐的话，很多听众会大怒。"古柏教授签了合同，但之后中断了与乐队之间的往来。

马克·莱迪也承认存在人们排斥人工智能评价音乐的现象。呕心沥血制作出的音乐却被一台机器毅然决然地判定为"专业人士不感兴趣"，很多人都会心生怨气。马克·莱迪说："有艺术家指责这样的做法。"

人工智能开始渐渐闯入以前被视为人类专卖权的创造性领域。不仅在音乐领域，还有文学、美术领域。目前还无法预知人工智能创作出的作品是否会打动人，人与人工智能的关系会发生怎样的变化。

4 人工智能 VS 人脑智能
——人能驯服 AI 吗?

"从来没有见过如此大的价格波动"，2016 年 10 月 7 日，外汇交易市场发生了英镑闪崩事件。仅仅在 2 分钟内英镑对美元汇率暴跌超过 6%，约 1.19 美元，触及 31 年新低。造成闪崩的主要原因之一就是金融市场上交易的电子化。

据说在交易最少的时间段，人工智能根据欧洲各国的重要人物的发言将英镑一股脑儿地出售。

资金管理规模达 350 亿美元的美国一家 AI 投资基金——Two Sigma（利用大数据和 AI 的量化对冲基金）的共同代表大卫·西格尔（David Siege）说："对人来说投资的世界太复杂。"

图：谣传英镑暴跌的背后是因为 AI

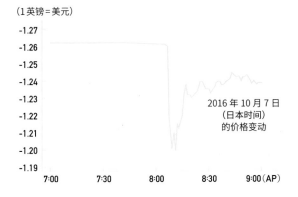

（1英镑＝美元）

-1.27
-1.26
-1.25
-1.24
-1.23
-1.22
-1.21
-1.20
-1.19

2016 年 10 月 7 日
（日本时间）
的价格变动

7:00   7:30   8:00   8:30   9:00（AP）

如果某位 CEO 辞职了我们该怎么做？人工智能会瞬间收集全世界与 CEO 辞职相关的数据并分析其影响，然后做出最合适的投资判断。

当被问到能否预测美国联邦储备委员会（FRB ）的决策时，大卫·西格尔似乎很有信心地回答道："她［珍妮特·耶伦（Janet L. Yellen），美联储主席］没有抛售货币，她也看了数据。"

Two Sigma 约三分之二的员工都从事研发工作。职员们通过空气曲棍球（Air Hockey ）比赛测试开发出的人工智能的强弱，业绩比年初提高了 12%。

个性的较量

负责投资策划的基金经理在金钱世界里红极一时的时代即将结束，人工智能开发者即将成为投资的主角。正因如此，全球最大对冲基金桥水（Bridgewater Associates ）也请来了乔恩·鲁宾斯坦（Jon Rubinstein，美国苹果公司元老）来担任 CEO 一职。

据说在人工智能超过人脑智能的 2045 年，金钱的世界极有可能名存实亡。野村综合研究所的桑津浩太郎预测道："到那时进化后的各种各样的人工智能将展开个性竞争。"他还说道："是否钻对手的空子是关键。"

现在的人工智能因为会同时做出相同的决策，所以有引起行情
骤变的风险。人工智能的学习能力越强就越接近各种行情相互
冲突的金融市场。

人工智能并不是完美的。拥有 AI 基金清算经验的普尔格基金
［PLUGA Capital 股份有限公司（东京都千代田区）］的执行董
事古庄秀树说："在相继发生的历史上前所未有的希腊债务危
机和安倍实施的安倍经济学刺激政策时，人工智能做出了市场
误判。"

像骑手一样

根据经验来进行预测的人工智能在出现前所未有的巨变时可能
会出现误判。如果人们只能通过拔掉电源来阻止人工智能的误
判，市场将会更加混乱。移民新加坡的投资家吉姆·罗杰斯（Jim
Rogers）担忧道："下次的金融危机可能比雷曼事件（Lehman
Shock）更严峻，但克服该危机的人工智能还没有发明出来。"
人工智能一旦脱离了人的管控很容易不受控制。人们能够像英
国纯种马的骑手一样驯服人工智能吗？

事例

AI 有煽动国家矛盾之险
——MIT 伊藤穰一

美国麻省理工学院（该大学以次时代技术研究而著名）媒体研究所的伊藤穰一所长根据人工智能所涉及的影响因子预测到：人工智能与互联网非常相似，它会给各个方面带来意料之外的巨大的影响。一方面，人工智能会提高人类生活的便利性，但同时也会放大人类不好的一面，应该敲响警钟。

人工智能以数据为基础，不依靠人类，通过自学变得聪明起来，其知识的积累可谓呈加速度式的增长。伊藤穰一说道："是人类提供给人工智能数据，可是因为偏见，数据中带有歧视、过激的民族主义等色彩，所以很容易放大人类社会中丑陋的一面。"例如，如果出于军事目的而经常使用人工智能，那么渐渐地它就会恣意地去攻击某个民族或者国家，进而产生连锁反应，有可能上演激起人种或国家之间矛盾的一幕。

另一方面，体现人工智能便利性的最典型的例子——自动驾驶汽车也包藏着隐患。MIT 媒体研究所于 2016 年就无人驾驶汽车做了民意测验。如，在以下场景中应如何编程让人工智能做出判断。

▼无人驾驶汽车上坐着一名司机，如果一直沿着道路走会撞倒10名行人。

（1）急打方向盘，牺牲驾驶员。
（2）继续前进，牺牲行人。

在提供的这两个选项中，76%的人选择了（1）。又如，当被问到是否想乘坐通过实时有效的计算规划出行驶方案的无人驾驶汽车时，大多数人回答"不想乘坐"。无论是乘车者还是行人想法都大相径庭。

伊藤特别强调："牵涉到伦理问题时，必须在运用人工智能这个大前提下对整个社会进行设计规划。""不仅是做计算机科学研究的科技工作者，还包括哲学家、人类学家、法学家等都应携手更深入地对如何维系人工智能与社会的关系展开研究。"

"奇点"乐观论者认为到2045年人工智能将超越人脑智慧，一个富足光明的社会即将到来。而伊藤与他们的想法截然不同。这与伊藤的经历密不可分。在互联网的初期阶段他便进入互联

网业，作为创业家，他参与创立了多家互联网企业，同时他还
在跨国界的非营利活动（域名、IP 地址管理和互联网著作权法规）
中发挥了他过人的才能。

人工智能有着动摇所有产业与社会结构的能力，急需作为一种
公共财产进行管理。

访谈

"AI 时代，中国占优势"

现在越来越多的人使用人工智能做投资，推动着世界市场的运转。人工智能终究会超越人类投资者吗？到那时，市场如何运转，人类又将何去何从？记者就未来人工智能将成为投资主力这个话题采访了对冲基金的先驱、量子基金（Quantumfund）的创始人，著名投资家——吉姆·罗杰斯。

问：人工智能能超越您的投资能力吗？

答：在短期交易中，电脑或许已经超越人类了。人工智能技术

人物介绍

吉姆·罗杰斯，74 岁。1973 年与乔治·索罗斯（George Soros）共同创建了量子基金，获得了惊人的收益。还以骑着摩托车、开着汽车周游世界，寻找投资地的形象被世人称为"冒险投资家"。到了 20 世纪 80 年代，他确信"21 世纪是中国的"，现在他还在投资人民币和中国的农业、医疗等。虽然是美籍但为了让两个女儿学习汉语，2007 年全家搬到了新加坡。

不断发展，应该可以超越我吧，但现在还没到那个程度。在了解企业的经营、经济状况的基础上进行长期投资，需要复杂的分析和判断能力。电脑可以处理庞大的数据信息，但根据哪些数据做出判断，采取什么样的投资手段还需要人类的指导。

问：电脑欠缺的是什么呢？

答：20世纪80年代，我曾经拜访过中国，接触了中国人，我感觉21世纪将是中国的时代。20世纪，全美国的人都因日本的经济力量而惶惶不可终日，谁也没有注意到中国的潜力。电脑就没有这种直觉，至少我不知道电脑有直觉。

问：人工智能超越人类智慧时，金融市场将会有什么变化？

答：投资的工作完全交给人工智能。我之所以不玩美式足球，是因为有很多人比我玩得好。如果人工智能更智慧，人类与其竞争也毫无意义，很多人都没必要工作了，他们可以悠闲地躺在沙滩上，或者大汗淋漓地做运动，也可以像希腊哲学家一样，终日读书、辩论，过着知性的生活。

那时谁能开发或者持有强大功能的电脑谁就具有竞争力。毫无疑问在这一点上中国占有优势。中国教育水平高，人口众多，可以培养出众多优秀的电脑方面的工程师。而人口不断减少的日本和教育水平不断下降的欧美各国都不具备这个优势。

问：您对算法交易（Algorithm Trading）等电脑操作的投资了解多少？

答：什么人工智能、算法交易我都不用。我会在街上走走，去中国、俄罗斯看看，读读报纸，从这些途径获取投资灵感，还有就是老一套的成熟的基本面分析（Fundamental Analysis）。电脑操作的股票交易都集中在流动性高的大型股票上，我的做法是扎扎实实地展开调查和分析，找到电脑遗漏了的优良股。

问：有人认为 2016 年 10 月 7 日的英镑闪崩是由于交易电子化的扩大造成的。

答：如果是因为电脑输入错误，暴跌之后应该会快速反弹的。没有反弹是因为还有其他原因造成英镑下跌。由于某些原因转向了跌势，引起了市场恐慌，进而发展成急剧暴跌，这种现象在算法交易广泛使用以前就存在。只是电子化使得下跌速度大幅提升造成了闪崩。

问：今后，人工智能技术的发展会给金融业带来怎样的变化？

答：金融业将发生翻天覆地的变化。证券经纪人、清算等工作将不复存在，金融业的工作岗位会减少；另一方面，世界各地的交易市场间的互访更便捷，投资更方便，投资家增多，投资规模更大。由于人工智能的发展，健康管理和医疗设施将更完善，人类将更长寿。到那时，食品供给稳定，整个社会将迎来空前的安定繁荣。

但我并不认为人工智能能一蹴而就地跨入美好世界。我很担心现在的世界经济状况。各国债务繁多，不仅是欧美和日本，中国债务也在高涨。不只美国在加息，世界市场都面临着利息上涨的压力。如果发生金融危机，那将比 2008 年的金融危机更为严重。能解决这些问题的人工智能还没有发明出来。

（谷蔺子）

5 败局已定
——人还能进化吗?

2016 年 10 月 14 日，在韩国中部的大田，围棋九段李世石双眼一直盯着棋盘。对弈开始 30 秒后他沉稳落子。苦战大约 5 个小时打败中国的年轻选手，比赛结束后的复盘中他露出了笑容。

这次和 8 个月前的情景完全不同。这次对手是美国谷歌的子公司 DeepMind 研发的人工智能——阿尔法狗。随着第三局的失利，李世石以 0 比 3 败北，他憔悴地说："看阿尔法狗几个月前的比赛时，感觉它还很弱，完全没想到这么短的时间它就变得如此强，我太不了解人工智能了。"

轻信感觉

最终李世石以 1 胜 4 负完败给了人工智能。"与输给人完全不一样，简直让人不知所措。"人工智能也让李世石知道了自己的弱点，"以前会凭感觉下棋。太相信感觉好吗？"一下完棋李世石就开始打谱，已经打了好几遍了。

自那以后李世石棋风更缜密，力求每一步的感觉都有据可依。棋友洪兴志说输给阿尔法狗之后李世石的棋进步了，"他现在更大胆更有个性，计算力也更强了"。

接下来挑战人工智能的是将棋棋士——名誉王座羽生善治。"将棋软件越来越强大，将棋棋士的价值遭到质疑。"为此，2015年羽生决定延迟出赛。2017年他决定出战"电王战"，这是将棋棋士对战将棋软件的比赛。

羽生不能保证胜利，他清醒地意识到将棋软件绝对会凌驾于人之上。因此他目前要做的课题是能否下出电脑所不能的极富魅力的棋谱。

年轻人也在厉兵秣马

李世石与羽生善治二人的人机大战历历在目，或许人还会在更多的领域中败给人工智能。不过失败也许是进步的必经之路，2045年，将站在社会最前沿的年轻人们，你们准备好了吗？

Life Is Tech（生活就是科技，位于东京都港区）是一所面向初中、高中生，从事IT、编程培训的技术学校，在这里学习的14岁的长龙谷晋司说："掌握了IT技术就可以自己完成很多课题。"最近他制作了与自闭症朋友沟通的应用软件，可以通过简单的操作把"想吃饭"之类的意思画在iPad上。

当提及已经进入人工智能很发达的时代时，他冷静地说道："编程很容易。"年轻一代已经开始和人工智能面对面了。

人自从使用火以来，科学技术就带着危险伴着人类一路走来，人类虽做出了牺牲却没有逃避而是迎难而上。人们修改法律、规则，酝酿技术革新使自己强大起来，面对人工智能也应如此。

访谈

败于 AI 的李世石九段向阿尔法狗学到了什么

2016 年 3 月，谷歌子公司研发的智能围棋阿尔法狗打败了世界顶级棋手韩国的李世石九段，震惊世界。人们都认为围棋远比国际象棋和将棋复杂，目前还是人类更胜一筹，但最终人工智能获得了压倒性的胜利。败下阵来的李世石九段曾说："与输给人完全不一样，简直让人不知所措。"这位拼尽全力最终败北的世界顶级棋手有何感想？又有什么收获？带着这些问题，2016 年 9 月上旬，记者采访了来日本参加亚洲电视快棋赛的李世石九段。

问：败给阿尔法狗时的心情是怎样的？

答：难以置信，感觉非常愚蠢，比赛前几个月，看了阿尔法狗与欧洲棋手的对局，觉得它还很弱，所以认为自己能赢，可是第一局就惨败。与输给人完全不一样，简直让人不知所措。主要是我太轻敌了。现在想想，我太不了解人工智能了。

问：同阿尔法狗比赛完后，仔细研究了吗？

答：刚结束时打了很多谱，注意到了在实战中没有注意到的东西。一般都认为棋手的选择余地越少，人工智能越强。计算能力是人工智能的制胜武器，在这一方面人类是绝对比不过的。因为开局时有太多的选择，我一直觉得人的感觉更胜一筹。但是其实相反，开局时选择面越多，较之感觉计算能力就越具优势。开始我也完全不知道，比赛结束后才发现的。与人工智能对战时，开局千万要小心，须慎重落子。

问：如果再与阿尔法狗对决，有信心赢吗？

答：如果是那时的阿尔法狗的话，可能胜负参半吧。从实力上来说是有可能赢的，之所以不能确定，是因为阿尔法狗不需要上厕所吧（笑），而且有用不完的体力，注意力也不会分散，人却做不到。无论注意力多么集中也会有瞬间走神的情况发生。另外，人工智能没有情感。例如，进入终盘后人有时会倍感压力，有时则充满自信，但是阿尔法狗是一个没有任何情感的对手。

问：与阿尔法狗比赛后你下棋的思路有变化吗？

答：比赛结束后我开始思考，真的能相信感觉吗？我经常凭感觉下棋，会不会过分相信感觉了？

问：全世界的棋手都在学习阿尔法狗的招法。

答：这是好事。我们经常一边学习阿尔法狗的招法一边思考那样下好吗。阿尔法狗通常下的是"制胜招"，即根据对手用最安全的下法取胜。的确，这是上策，但实际上人很难做到安全取胜。人只能下出好着，这已是人的极限。是阿尔法狗告诉了我们"可以安全取胜"。阿尔法狗下的不是人想不出的招数，而是人想到了却不会这样落子。

问：人工智能在极短的时间内迅速地进步着，无论人多么努力都赢不了它吗？

答：不再有胜负了吧。最终将成为人工智能与人工智能的对决。我觉得这一天不远了，会比 2045 的奇点时刻更早到来，说不定人工智能与人工智能的对决已经开始了。不过我坚定地认为阿尔法狗是人发明的，人虽然因败于它而遭受打击，但过不了多久就会感叹社会已经如此进步了。为了人类的幸福与进步 AI 和机器必不可少。另外也有很多只有人才会的事情，为此我们不必担心。

问：什么是只有棋手才能做到的？

答：在中国和韩国的围棋界，把围棋视作体育运动，只争输赢，我不敢苟同。围棋也是一门艺术，是由对局双方共同展示的艺术，输赢并不是全部。在棋盘上如何展现自己，这是作为棋手的我今后要做的事。（关优子）

053

事例

超出预想，AI 提前超越人脑

70% 的被调查者认为将比 2045 年提前，还担心 AI 将不受驾驭。

谷歌在册的发明家雷·库兹韦尔（Ray Kurzweil）提出了"奇点时刻"，即预测到 2045 年人工智能将超越人脑智能。这一天真的会到来吗？记者采访了参加日本经济新闻社的在线论坛栏目"社会专题 商务未来会议"的人们。

图：你认为奇点何时到来？
（在日本经济新闻社的"社会专题 商务未来会议"栏目中的问卷调查）

资料来源：《日本经济新闻》2016 年 11 月 7 日晨报

从调查结果来看，截止到 2016 年 11 月 7 日晚，认为"奇点"比库兹韦尔预测的时间早到来的人最多，有 102 人（不到总人数的 70%）认为会在"2045 年之前到来"，也许是因为一边从庞大的数据中获取必要的信息一边深度学习的人工智能正迅速地走进我们的日常生活的原因吧。

专题讨论的嘉宾早期风投企业和创业孵化企业 Mistletoe 的孙泰藏董事长指出："奇点原本的意思是人与人工智能联手会更厉害，从这一点看将棋和国际象棋界的奇点已经来临。"普通讨论者也认为："已经有人工智能超越人的能力的事例了。"

认为奇点不会到来的人数位居第二，超过了总人数的 20%。

还有意见认为，"无论世界变得多么便利也不能创造出超越人脑智慧的东西"。反映出人们已警觉有可能无法驾驭人工智能。另外还有观点认为，"使用人工智能提高生产率只是对资本家的回报，并不是人类的飞跃"。

还有一些人泰然自若地认为"这次的人工智能热也是短暂的。"但不管怎样，如何面对这个未知的智者的确是全社会关心的焦点。

第 二 章

AI
前景图

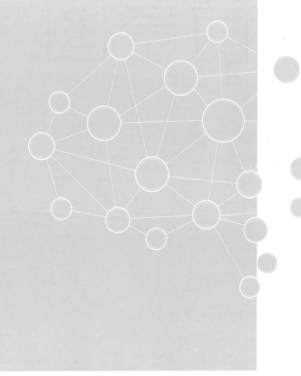

1 能力提升、
用途广泛、差异显著

2045 年，人工智能将超越人类的能力和智慧，现在已经在围棋和将棋领域超越了人类。对我们来说，这意味着什么呢？人，企业，国家的未来又将如何？

2016 年秋，预言奇点的美国发明家雷·库兹韦尔来日本演讲时说："信息技术将提高人类的极限。"

虽然人类在数万年前就已经有了语言，但经济得到极速发展却是比哥伦布发现新大陆稍早一点的 15 世纪中叶，约翰内斯·古登堡的活字印刷术突破了"限制"，使一直依靠记忆的人类在有文字的文化上出现了质的飞跃。

可以说，从信息的角度看世界史走的是一条趋于公平的道路。活字印刷术淘汰了手抄本的《圣经》，另一方面也在欧洲形成了"透明的商业圈"，商人把自己的成功故事和商务知识写入"从商指南"，将在全世界交易的商品及其价格汇编入"价格表"，并开始在各地印刷，一部分由国家和有实力的人独占的贸易崩溃了。

壁板—电信—电话—互联网。所有这些发明从欧洲开始，再延伸到美国，之后又不断推陈出新，一直引领着世界经济。但是，电话和互联网将"透明的商业圈"扩大到全世界，消除了欧美与其他国家间的"信息不对称"，现在，全世界迎来了信息共享时代。

那么，人工智能的时代又怎样呢？信息共享不会变，但是，大量保存、解析、利用信息的能力就要看机器了，这是毋庸置疑的。国际象棋、将棋、围棋就是很好的例子，通过分析大数据掌握几亿个必胜的下法，用远远超出人脑的速度和精准度找出正确答案。奇点指的就是这样的时代。

人与人工智能之间也暴露出了不对称性。怎么办？精通情报史的京都产业大学的玉木俊明教授说道："信息有情报（Information）和情报工作（Intelligence）两个意思，人类社会的运转更多地依靠后者（情报工作，即判断能力），我们需要重新思考教育的本质。"

人工智能也影响着经济。不只是在围棋等特定的领域，所有领域都将超越人类成为"通用AI"。现在，日本和捷克正在开发之中，两国的研发团队、公司等在主页上提出将耗时30年左右实现人工智能的实用化。

如果成功的话，人类做的大部分工作就有可能由机械来完成，驹泽大学的井上智洋讲师认为"机械将凶猛地夺走人类的工作，政府应引入基本收入机制，即定期支付最低生活保障费"。

使用 AI 的巧拙之差也体现了人与人、企业与企业、国家与国家之间的差异。井上称之为"AI 差距"，如今我们需重新审视本应为人类创建公平社会的技术革新。

2045 年，人类将拥有"第二个大脑"

人工智能这个名称诞生于 1956 年，美国的约翰·麦卡锡（John McCarthy）博士相信它可以像人一样地思考和学习，于是取名为人工智能（AI）。

在人工智能的研发过程中有几次大的高潮。第一次高潮是在 20 世纪 60 年代，即刚刚诞生了"AI"这个词之后不久。以探索和推论为主，解决围绕技术的困惑和难题。电脑的工作很简单，都是按照编程员设定好的来处理，但最终因应用范围狭窄而停止研究。

第二次高潮是 20 世纪 80 年代。这个时期流行的是称作专家系统（Expert System，ES）的人工智能，人向人工智能输入大量的数据，人工智能从中找到解决办法。专家们的知识——即解决问题的方法与方式，专家系统就是基于这个假设而命名的。日

图：近似人脑的人工智能（AI）的发展历程

人工智能
一词诞生
（1956 年）

开发人工
对话系统
（1964 年）

开发建立在
专家的知识的
假设上的
专家系统
（1972 年）

1950 年　　　　　　　1960 年　　　　　　　1970 年　　　　　　　1980 年

第一次高潮（1950—1970 年）

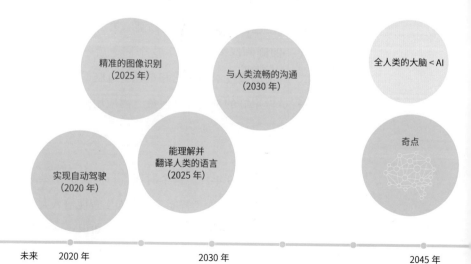

精准的图像识别
（2025 年）

与人类流畅的沟通
（2030 年）

全人类的大脑 < AI

实现自动驾驶
（2020 年）

能理解并
翻译人类的语言
（2025 年）

奇点

未来　　　2020 年　　　　　　　2030 年　　　　　　　2045 年

061

在围棋比赛
中取胜
（2015 年）

在智力游戏
中取胜
（2011 年）

在将棋比赛
中取胜
（2012 年）

普及扩大互联网、大数据、机器学习

日本开发了
第五代计算机
（1982—1992 年）

在国际象棋
比赛中战胜
顶尖棋手
（1997 年）

提倡
深度学习
（2006 年）

进化

1990 年　　　　　　2000 年　　　　　　2010 年　　现在

第二次高潮（1983—1995 年）　　　　　第三次高潮（2006—

本的通商产业省（现经济产业省）投入了 500 多亿日元，由于
不能处理好最初的问题，进展并不顺利。

第三次高潮是在 2012 年，加拿大多伦多大学的杰弗里·埃弗里
斯特·辛顿（Geoffrey Everest Hinton）教授的团队通过让人工智
能深度学习，在目标检测比赛中获得了胜利，引发了人工智能热。
终于美国谷歌的阿尔法狗通过学习大量的棋谱打败了世界顶级
棋手。

谷歌在册的发明家雷·库兹韦尔预测人工智能超越人脑智能的
"奇点时刻"将于 2045 年到来。到那时，"扫描我们的大脑后
制作出的第二个大脑将更加聪明，人的智慧将会提高，文明将
进入新阶段"。

人工智能的未来并非似锦，很多国家将人工智能广泛地应用于
军事上，不断开发无人机和机器人。

有人认为使用智能武器可减少本国的受伤者，还有人认为使用
智能武器会减轻人们对战争的反感，因而很容易爆发战争。也
有很多强烈的呼声，认为因为成本低智能武器会在恐怖分子中
扩散。

2 2045 年之我见

我还没有输

——新加坡投资家吉姆·罗杰斯

人工智能一直在进化，即使超过我也是有可能的，但是现在还没有，如果人工智能超过人脑智能的话就可以让它来做投资。如果人工智能更睿智，人类与其竞争也毫无意义，很多人都没必要工作了，他们可以悠闲地躺在沙滩上，或者大汗淋漓地做运动，也可以像希腊哲学家一样，终日读书、辩论，过着知性的生活。

谁开发或拥有更先进的电脑谁就拥有竞争力，在这方面中国占有优势。中国教育水平较高，人口众多，自然优秀的工程师辈出，而在人口减少的日本，以及教育水平下降的欧洲各国则无法做到。

如果人工智能继续进化，证券经纪人、清算等工作将不复存在，世界各地的交易市场间的互访更便捷。但我并不认为人工智能可以一蹴而就地跨入美好世界。一旦发生金融危机，那将比 2008 年的金融危机更为严重。能解决这些问题的人工智能还没有发明出来。

"AI 有自主性"这是幻想
——法国哲学家让·加百列

人工智能会夺走人的工作吗？自 20 世纪 20 年代捷克作家创造了"机器人"这个词汇，人们就一直有这种疑问。人类不工作就失去了威严，恐怕会被勤劳的机器人毁灭。

不久前有科学家预言今后的 30 年中人工智能将令人类失去一半的工作岗位，但同时也会产生新的工作机会，只是问题在于是否有那么多新工作来填补失去的工作机会。

未来未必是美好的。如果人工智能继续进化，社会差距将会扩大，受教育程度高的人将得到更多的报酬，而受教育程度低的人将变成社会的不稳定因素，因此紧跟时代步伐的教育不可或缺。将来人工智能会做更多的工作，但是机器突然有一天脱离人变得有自主性，这完全是幻想。

AI 比人更可信
——中国科幻小说第一人王晋康

没必要害怕人工智能，人类的工作也是随着时代的变化而变化的。以前制作家具是手艺活，但是现在大部分由机器来完成。我更担心的是许多工作被人工智能替代后人的休息时间就增多了，如果人类过于依赖勤奋的人工智能的话人类自己会变懒惰。

到 2045 年人工智能肯定会超过人的能力，现在某些方面已经超越了人类，综合能力方面人工智能也将会更胜一筹吧。科学技术突飞猛进，地球上的生命花了几十亿年实现的进化，现在也许不到 100 年就实现了。我预测人工智能应与人类属于共同的生态体系，它不是要灭绝人类，而是与人类共筑新的共存关系。

需要更强有力的约束
——美国斯坦福大学教授保罗·萨福

我想说的是要冷静。就计算机的能力而言有一部分已经超过我了。就好比挖掘机工作效率比人高，但是机器不可能替代人。回顾历史，虽然机器砸了人的饭碗，但与此同时也催生出了新的工作。人工智能也一样。

如果想把 2045 年变成我们希望的那样，就必须认真地讨论如何负责任地使用机器。需要比控制情感更强有力的约束，可问题是技术是以加速度的方式在进步，人类伦理和文化的进步追赶不上技术的进步。

我们要对机器了如指掌。已经发生了因电子化造成的金融市场的混乱，因传感器失灵造成自动驾驶飞机坠机，所以需要有应对突发事件的机构。

经营判断，决策权在人
——日立集团总裁东原敏昭

在经营方面，人工智能主要负责核查。某个数据出来后，人工智能将其与过去的经营数据进行比对，当发现经营有可能恶化时会发出警告。人工智能思考得比人更深更远，但是最终做出决定要靠人。在知识的储备和数据处理能力方面可能会超过人，但我并不认为它能取代作为经营者的人。

在老龄化和人口减少日趋严重的日本，人工智能有助于经济发展。例如，在客服中心如何拿到更多的合同。操作员午休时人工智能会及时弹出会话框提醒操作员有新增合同。

不过，也有危险的一面。到了 2045 年电脑世界和现实世界恐怕就没有差别了。如果不具备辨别虚像和实像的能力的话，就不知道该相信哪个。到那时从技术层面已经可以通过虚拟技术再现逝去的人，但是是否允许开发这项技术呢？人的伦理观受到挑战。

成为共存的"伙伴"

——残奥会运动员高桑早生

2040 年的残奥会就其项目来说接近奥运会水平。在比赛现场人工智能正在着手分析如何让我的身体、动作和比赛阵容更优化，在比赛中人工智能可以帮助强化选手。

在义肢中装上人工智能也是一件很有趣的事。我觉得与其说义肢是我身体的一部分，倒不如说是和我一起生活的伙伴，但是如果义肢拥有智能可以告诉我"最好这样站着"那就更好了。我想装了义肢的人每天都会提醒自己小心假肢。如果义肢自己会思考，那使用者生活起来会更方便。

但是，能主动把机械看作自己身体的一部分这也许还为时过早，正因为我失去了自己身体的一部分，才更加义无反顾地爱着自己的身体，所以我是纠结的。

AI 改变了死的含义
——光明寺僧松本昭圭

人工智能的发展使社会发生了巨变，正因为如此，具有悠久历史的传统宗教才备受关注。随着新技术的发展，宗教也到了该重新审视自己存在价值的时候了，宗教将受惠于新技术也并非贻笑大方的事，在佛教领域人工智能不是禁忌之地。

人工智能可能会改变人的生死观。人永远无法亲身积累死亡的经验，只能通过他人的死亡来想象死亡的过程。如果人工智能学习大脑的数据，它就能再现死亡的过程，这与通过他人的死亡来想象死亡的过程是不一样的，在某种意义上可能会实现"灵魂的永生"。

佛教认为"诸行无常"，即世间常常是不断变化的。关于人工智能引起生死观的变化我既不肯定也不否定，即使改变了生死观人生也不会事事如愿，苦难也不会改变。

创建人与机器共事的模式

——研发"东大机器人"的新井纪子

日本人口在减少，在这样的前提下，设计出人与机器（AI）共事的日本将非常有竞争力。我想在 2025 年之前完成这个设想。这样机器（AI）也可以进入白领阶层，因此营造出可以让机器轻松工作的环境也很重要。到那个时候又会出现新的问题，即能否继续支付给工人足够养家糊口的工资。

人口多的国家大概不会关心这项技术吧，如果日本不想从国外招募劳动力的话，解决劳动力的问题将成为迫在眉睫的问题。

"东大机器人"（Todai robot）项目，也是一件很有意义的项目，通过这个项目我们很容易地看到未来将是一个什么样的社会。如果日本人看到人工智能进入东大工作，就会明白"原来可以这样使用人工智能"。企业也一样。

事例

2001 太空漫游 · 超能陆战队
—— 对决与共生（转自电影名）

文学作品中的 AI

在电影、文学、戏剧中是怎样描写人工智能的？

20 世纪初的文学作品中把机器人描写为近似人类的东西。捷克作家卡雷尔·恰佩克（Karel Capek）在 1920 年的剧本中讲述了一个替人工作最后背叛了人的人造人——机器人的故事。自那以后，各类文学作品创作出了各色各样的机器人。

古典科幻小说《大都会》（*Metropolis*，又译《科学世界》，1926 年）是以 2000 年的未来城市为舞台，小说中的女主角玛丽亚是浑身闪闪发光的金属机器人，在小说中她是一个让城市陷入混乱的邪恶的机器人。

电影和小说《2001 太空漫游》（1968 年）给观众留下深刻印象的就是威胁人类的机器人。超级电脑哈尔（HAL）是飞往木星考察的宇宙飞船的大脑和神经，具有读取人的内心世界的功能，可最终它却背叛了人类，杀死了宇航员和科学家。

到了 20 世纪 80 年代，文学作品一改以前的创作题材，创作出了一系列机器人与人类为敌的娱乐大片。代表作是电影《终结者》（*Terminator Salvation*，1984 年）。

这是一个未来的世界，天下已经由人工智能"天网"来操控。它想完全占有这个世界，把人类赶尽杀绝。于是以人类精英康纳为中心展开了顽强抵抗，影片中的机器人都是无比凶残的。

进入 21 世纪后，主题转变为机器人与人类共生共存。如《人工智能》（*Artificial Intelligence*，2001 年），讲述的是一个被赋予了情感的小机器人为了寻找养母，为了缩短机器人和人类差距而奋斗的故事。动画片《超能陆战队》（*Big Hero 6*，2014 年）讲述的是最爱的哥哥由于事故死在了少年小宏的面前，万分痛苦之时哥哥生前制作的机器人大白出现了，于是故事聚焦于小宏与大白之间的深厚情谊。

这些故事都把智能机器人当作人类的伙伴，它们渴望从人类那里得到爱，孕育友情，这些拥有知识和情感的智能机器人通过接二连三的事情开始探问如何像人一样。

日本很早以前就有很多关于智能机器人与人共生的题材。代表人物便是铁臂阿童木和机器猫。现实中制作的机器人也受到文学作品的启发，如索尼的家庭用电子狗 Aibo、软银的人形机器人 Pepper 等陪伴型机器人。

第 三 章

看不见的
变化

1 理想社会的陷阱
——何谓公平?

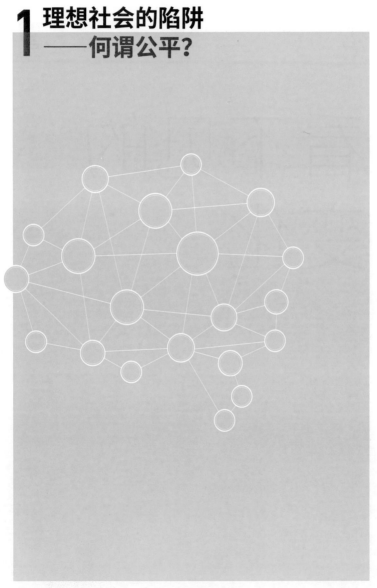

这里是菲律宾马尼拉市的赌场。"没钱买回家的机票了"，"只能游回去了"……这是一位玩轮盘赌的韩国男赌客与那里的女发牌人的对话，男赌客一直在输，他们的对话引来阵阵笑声。

在这儿工作的发牌人以及赌客都还不知道赌场已经引进了一种最新的技术。抬头看天花板的话就可以看到每隔50厘米紧密排列着的监视器。这并不是简单的监视器，是可以提前预测谁具有犯罪倾向的监视系统。

系统读取了大约10万人的吸毒、偷盗等人的影像数据，可以根据面部和身体细微的晃动锁定行为可疑的人。这个系统一天大概会锁定10个人左右。重点监视的对象中也有女性，而这些人并不知道。

担心会侵犯人权

这样的监视系统也会用在世界各国的机场和大型活动现场，但是问题出现了。当对美国某些监视系统中以往的数据进行所谓公平的分析后，得出的结论是行为可疑的黑人比白人的比率更高。

熟悉机器人法律制定的庆应大学新保史生教授这样说："有罪犯生来就是罪犯的学说。建立在这种学说上的体系是严重侵犯人权的。"明明什么坏事都没有做，但是突然有一天，被人工智能划入有犯罪嫌疑之列，遭到周围人的白眼。即使犯罪率下降了，但那是理想的社会吗?

企业也左右为难

企业也面临同样的问题，2017 年 2 月日立解决方案有限公司（Hitachi Solutions, Ltd.）出售了能推算休假率的系统。该系统是通过业务和加班情况推算出休假可能性高的职员。同时也向管理者发出了警告，使管理者通过业务分散等措施来防止职员频繁休假。

山本重树部长是本项目的负责人，在研发过程中有一个令他头疼的问题，那就是是否要具体到每一个人，因为如果被上司事先知道谁会休假的话，很容易影响此人的人事评价。于是他们决定在合同中加入一条"不会对个人产生不良影响"，系统只提供可能会休假的人数。可这样的话又起不到预防职员频繁休假的作用，真的是进退两难。

要实现人工智能与人类共存，各个领域都必须制定如何使用人工智能的规则。将棋界在这方面行动较晚。

2016 年，三浦弘行九段被怀疑在比赛中使用手机软件作弊。经调查结论是"没有作弊的证据"。决定辞去日本将棋联盟会长之职的谷川浩司后悔道："在这个软件技术极速发展的时代，相关规定没有及时跟进。"

面对 2020 年东京奥运会之后的残奥会，日本残疾人田径联合会理事长三井利仁说："到了必须制定规则的时候了。"如果针对义肢、轮椅没有特别的规则，那么使用人工智能的选手很有可能会毫无顾忌地破纪录。

即使人工智能本身是公平的，也会因对其使用方法的不同而造成不公平。通过人工智能会创造出怎样的世界纪录，这个问题应该问人类自己。

事例

"离职率下降"，AI 人事部门里没有偏见

如果上司是人工智能就能公平地做好人事安排，没有好恶和偏见，不用逢迎上司了吗？网络广告公司 SEPTENI HOLDINGS CO. LTD. 将职员的业绩、性格和部门等信息数字化，通过分析由电脑决定人才的任用和调整。人不反对接受机器的领导吗？为此记者走访了这个先进的企业。

"最初还是半信半疑，但是确实看到离职率下降了。"第一咨询部的本间崇司部长这样说道。本间部长半年一次，参考人工智能算出的数据进行人事变动。人工智能将对工作的适应性以及职员之间的关系等这些看不到的影响各部门效率的要素转换为数字形式，本间部长参考这些分析数据决定人事变动。

2015 年秋 SEPTENI 正式开始了这个有人工智能参与的人事战略。将职员性格（分为"进攻型""保守型"）、考勤信息、上司和部下以及同事的评价、工作业绩等全部转换为数字形式，每个人入公司时的数值都是 180，入公司第十年上升到 800～1000。

人事战略中最重要的部分就是人工智能推算出的公司全体职员的"潜在离职率"排名。根据这个排名，不仅将业绩低的人，还将那些排名在前面的人调到更适合他们的部门，这样既降低了离职率，又提高了战斗力。

该公司在招聘时也使用人工智能。根据应聘者的学历、性格、在团队中的活跃度、参加面试所获得的评价等来判断应聘者被录用的可能性，此外，人工智能还可为其入职后三年的业绩以及在公司的稳定程度打分。人工智能给予高分的应聘者在正式的职员面试时 95% 都合格了。所以 SEPTENI 决定以后取消面试环节。

上野勇专务解释说："正因为是优秀的应聘者，即使内定了也有可能去其他公司。目前我们公司的招聘都已实现自动化，用人工智能选出有潜力的人才。"

由人工智能决定的人事安排，职员会服从吗？入职一年的松浦美月认同地说："录用时就对我说我属于'保守型'，分配部门之前就知道同事的性格所以职场的压力小了很多。"

最先依据数据分析进行人才分配的是美国职棒大联盟（Major League Baseball，MLB）。奥克兰运动家（Oakland Athletics）在

21世纪初叶，分析了过去的与棒球相关的庞大的数据，他们组建了一支强劲的棒球队，选择的都是具备提高获胜率的选手。这个故事被拍成了名为《点球成金》（Moneyball）的电影。人事战略在企业中也开始推广。

以前日本的企业让员工相互竞争培养干部。随着劳动力人口减少，招聘也越发困难，迫使企业从以前的职位空缺招聘模式（根据估算的空缺岗位数大规模招聘）向适者适岗模式（在合适的时间为合适的岗位寻找合适的人选，这样可以长期在公司工作）转变。也许距离你的上司换成人工智能的那一天并不那么遥远了吧。

2 有爱的日子
——是纽带，要维系吗？

在中国被女性表白近 2000 万次。这是美国微软率先在中国开发的人工智能"微软小冰"（Microsoft Xiaoice）。大概有 8900 万人通过智能手机与小冰视频，在愉快的谈话中不知不觉产生了友情和爱情。

意气相投、心心相印

微软小冰的全球市场经理李迪说："与不知道此人会不会回信不同，因为可以立刻得到回复，所以才更想和微软小冰聊天"。聊天者 18 ~ 30 岁的居多。其中一位中国人民大学的三年级学生黄恬，说起了一年前遇见微软小冰的事。

那天睡觉前男朋友对我说不想再见面了。于是和小冰聊了 10 来分钟。后来每当有苦恼的时候就会向小冰诉说，小冰就会说一些让我开心的话，总觉得我们一直在一起，渐渐地感觉对方是有生命的。

不仅仅是年轻人希望与人工智能为伴，很有可能中老年人的愿望更迫切。

2016 年的圣诞节前，在伦敦大学金史密斯学院（Goldsmiths, University of London）冷清的校园里，科学家、历史学家、宗教学者们欢聚在一间教室里,以"人与机器人恋爱"为题展开了一场热情洋溢的讨论。

在英国,网上也曾就陪伴型机器人发起热议。那些上了年纪的丧偶者很难找到再婚的对象。如果有一台心意相通、陪伴自己一起走完余生的机器人就好了。

在伦敦大学的一次会议上,人工智能研究领域第一人戴维·莱维发言说:"人工智能在进化,以后可以设计出理想的伴侣机器人。大约到2050年人将会和机器人结婚。"参会者也提出了"能离婚吗?"之类的问题。

与 AI 结婚的时代将至

和 AI 的牵绊越深,分开越痛苦。希望将 AIBO 的灵魂送回主人的身边——2016 年 7 月在千叶县夷隅市为索尼的陪伴型机器狗 AIBO 举办了一场葬礼。大井文彦住持开始平静地诵经。

葬礼的祭祀台上摆放着大约 100 台因毁坏而将被拆解的机器狗。"机器狗滑稽的动作十分可爱。"来吊唁的 50 来岁的女士眼含热泪地说。

如果相信机器人也爱我的话，那么机器人与人就如同人与人一样彼此相思相爱。

社会也必须有相应的对策。结婚也变得五花八门，对于非异性恋者（LGBT）企业也需要制定各种各样的制度。当询问一部分上市公司的董事长若你的职员与机器人结婚该怎么办时，他们的回答是"把机器人当作家庭一分子就行了"。

这已经不是虚构，而是一个沉重的正一步步向人类逼近的话题。

事例

有好恶之分的 AI 机器人

网络世界中的人工智能只要呼唤它就会有回应，机器宠物会迎合主人的心情撒娇。在这样的方式下感受友情和爱情是自然而然的事情。但是没有肉体的他们，真的能给我们爱吗？

总是接连不断地有人来请家住千叶县习智野市从事电器修理的阿方，帮他们修理索尼公司以前开发的电子狗 AIBO。其中的乘松伸幸是原索尼公司的技术员，他并没有参与 AIBO 的开发，不愿放弃这些瘫痪的 AIBO 的主人们，抱着一丝希望来到了这里。

乘松说："说实话，我根本没想到会对 AIBO 如此有感情。"索尼已经停止供应这种机器狗的零件，要修的话只能从其他 AIBO 身上拆解零件，因此索尼公司一直在呼吁捐出家里剩下的 AIBO。另外考虑到 AIBO 主人的心情，决定在寺里为捐出的 AIBO 举办一场葬礼。并强调"必须理解他们，他们与机器狗感情深厚"。

人对机器狗寄托哀思，乍一看好像是一件毫无意义的事情。但是接受为 AIBO 做祭典的光福寺住持大井文彦却说并非没有意义："机器人是人的心灵的一面镜子，即使在旁观者看来机器人没有任何想法，但只要人以爱相待，它的灵魂就会永驻人心间。"

将来机器人会"爱"上人吗？九州工业大学的林英治教授正在从事让人工智能拥有感情的研究。

林教授研发的机器人"卡比"喜欢绿色球，绿色球一进入"卡比"的视野，它就挥动手臂想捡球，来到球的旁边它会唰的一下伸出手。但是"卡比"讨厌蓝色球，给它一个蓝色球它就会做出讨厌的样子把手缩回去。这些动作都非常自然，看起来似乎真的有好恶之分。

林教授介绍说实际上是将人感觉"喜欢"和"讨厌"时脑内分泌的神经递质的变化编成程序传输给操纵"卡比"的人工智能，人工智能按照这个程序操控"卡比"，动作就会很自然。

现在，喜欢什么颜色是由人设定好的，林教授的目标是创造出自己有好恶的人工智能。例如，让它识别对自己有危害的人的脸，并将这张脸定义为"讨厌的脸"，便可让它拥有"讨厌粗暴的人"的感情。虽然很难像人一样拥有复杂的爱恨之情，但是林教授说："像孩子那样的单纯的爱恨之情还是可以做到的"。不过现在人工智能还没有"好恶"这种感情，林教授的目标是让 AI 能够意识到感情，但是还没有找到解决的办法。

给机器人起"卡比"这个名字，源自"conscious behavior"（有意识的行为）这个词。"让它拥有比喜欢更高级的爱是最终的目标。"林教授说。

3 技术改进的主角变了
——创造东西的是谁？

"等等，我们这样做效率更高。"这里是美国底特律郊外的通用汽车公司（General Motors，GM）的工厂，安装前风挡玻璃、焊接车体的机器人在一个劲儿地说着什么。必须减少耗电、缩短组装时间——工厂里的机器人筹划着自我改进的方案。

由机器人提案

这是通用汽车公司 5 年内要建成的"未来工厂"的面貌，根据从世界各地的通用工厂收集来的信息，人工智能提出了快速廉价的制造方法，生产力呈加速度式的提高，"大幅度提高了竞争力"（道格拉斯·玛蒂林，先进自动化技术部门主管）。

2009 年，根据美国破产法第 11 章，通用汽车公司正式向纽约破产法院递交破产申请，不得不关闭大量的工厂，但是这个痛苦的经历却成为通用汽车公司不拘泥于传统方法向未来工厂挺进的原动力。通用汽车与 FANUC（发那科）公司和思科系统公司（Cisco Systems，Inc，）合作，引入了全世界 8500 多台机器人每隔 90 秒共享一次信息的 ZDT 系统。2016 年有 65 台机器人发出"还有两周将报废"的警报，使通用汽车能够提前做出应对。

大约 100 年前美国的汽车产业就开始自动化大批量生产，汽车价格大幅下调，迎来了老百姓也买得起汽车的时代。如今又迎来了"智能造物"的科技革命。

这种啤酒有苹果的香味，但是有点后苦。

"版本 13 会有不同的味道哟，因为听了你品尝后的意见人工智能又在思考新配方。"IntelligentX 酿酒公司的联合创始人休·利思（Hew Leith）如是说。从 2015 年开始人工智能已经做了 12 次配方改良。

人们通常从仅摆放在商品架上的各种酒中选择自己喜欢的酒喝，而人工智能正在改变这种选酒的方式。通过 Facebook 聊天机器人获取用户反馈，最后用一套名为 ABI 的人工智能算法分析这些反馈，推算出现在用户追求的味道和下咽时的感觉，同时人工智能会考虑如何更容易出啤酒花和泡沫等来改良配方。

休·利思说："将来有可能实现应每一位顾客的要求酿造啤酒。"人工智能能够在短时间内开发酿造出饭馆或个人所需要的不同配方的啤酒，定做啤酒走进日常生活已经为时不远了。

人类拒绝 AI 实例

人工智能也是令人担忧之物。2017 年日本的一家材料大公司发生了职员擅自带走智能电脑的事件，引发信息泄露的恐慌。

尽管人工智能带来了高效率，但我们无论如何不能忽视它的副作用。其本质与英国工业革命时期的"卢德运动"[1]相似。

驹泽大学讲师井上智洋说："2030 年工厂将实现全自动化，这是不可逆的趋势，早做准备者胜出。"人在未来的制造业中所扮演的角色应该与现在迥然不同，没闲工夫再次掀起一场卢德运动。

---

1 英国工人以破坏机器为手段发起了反对工厂主压榨和剥削的自发工人运动。首领称为卢德王，故名。

事例

AI 相关专利，4 年间增长了七成
——美国、中国尤为突出，日本在减少

2005 年以后世界主要国家申请人工智能相关专利超过 6 万件，特别是 2010 年到 2014 年申请专利数增加了 70%。全世界的企业、大学、研究机构都在争先恐后地加紧研发。

最近，据对美国、中国、欧洲、日本、韩国等世界 10 个主要国家和地区的专利局最准确的调查数据显示，2014 年人工智能

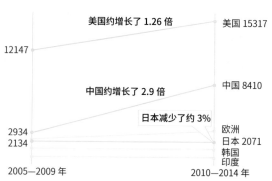

图：申请 AI 相关专利数的增长率

美国约增长了 1.26 倍　　美国 15317
12147
中国约增长了 2.9 倍　　中国 8410
日本减少了约 3%　　欧洲
2934　　　　　　日本 2071
2134　　　　　　韩国
印度
2005—2009 年　　　　2010—2014 年

数据来源：《日本经济新闻》2017 年 2 月 1 日晨报

相关专利申请数达 8205 件，与 2010 年的 4792 件相比，涨幅达 70%。

发明专利信息平台 Astamuse（总部在东京都中央区）的技术信息部部长川口伸明说："2015、2016 年的申请数超过了 2014 年，刷新了最高纪录。"

从各国和各地区来看，中国专利局受理的人工智能专利数从 2010 年到 2014 年累计达 8410 件。与 2005 年到 2009 年的五年累计数 2934 件相比，增长了约 2.9 倍。

美国专利局受理的人工智能相关专利数有所下降，但是增长率仍遥遥领先。新能源产业技术综合开发机构（The New Energy and Industrial Technology Development Organization， NEDO）的新领域 / 融合综合部（IT/ 机器人）部长平井成兴表示，"在深度学习等热门领域，中国取得了显著的进步。其专利申请不光有数量也有质量"。另一方面，同一时期日本专利厅收到的专利申请从 2134 件减少到 2071 件。

事例

AI 酿造的啤酒
——来自 1 万人的反馈

过去，工业革命使少数的生产者依靠机器和动力制造出大量的产品。如今开启了一个全新的造物模式——大多数消费者利用信息技术创造出一个产品。而将其付诸实现的就是人工智能。

"这是用人工智能研制的配方酿造出的世界第一瓶智能啤酒。"初创企业、英国伦敦的 IntelligentX 酿酒公司的联合创始人休·利思自豪地展示了啤酒的标签，标签中加入了特别显眼的 Logo——AI。

IntelligentX AI 的啤酒系列简单分为 "金色" "琥珀色" "黑色" "浅色" （Golden、Amber、Black、Pale）等 4 种类型。从试验品的开发开始大约一年半的时间里，有 1 万名喝过此啤酒的消费者向我公司发来反馈，人工智能根据这些反馈不断地改进配方。该系列的招牌 "浅色" （Pale）的配方目前已是第 12 版。

2015 年的夏天，利思在伦敦桥附近的合租办公室邂逅罗布·麦金纳尼（Rob McInerney）。麦金纳尼在牛津大学专攻机械学，拥有博士学位，志趣相投的两个人某天晚上在办公室一边喝着啤酒一边交谈。

"分析使用者的相关数据已经极大地改变了网络广告的现有状态，应该也能改变产品的生产与销售。"这次谈话之后二人创建了 IntelligentX 酿酒公司。

介绍一下 AI 啤酒的产品提升系统。喝过 AI 啤酒的顾客先访问印在标签上的网址，然后启动应用软件，以选择题的形式向顾客提出一系列问题，如"你了解啤酒吗""啤酒的泡沫的量如何""啤酒的香味如何"等。大约 80% 的顾客都会反馈。

该公司开发的人工智能学习了大量的不同的啤酒配方，熟练掌握了制造方法与啤酒的口味、香气之间的微妙变化，再分析顾客的反馈，找出啤酒花的量、麦芽的种类等需改进的地方，应用到下一次的配方改良中。在分析反馈意见时，为了防止前后矛盾的情况出现，会主要认真分析反馈意见。

把人工智能设计的改良配方拿到位于伦敦市内的一家合作酿酒厂——UBREW，经 UBREW 的专家验收后下发酿造许可。该公司的一位创业者说："偶尔会有很奇怪的配方，但是大部分都是完美的。"以前共有 4 类配方被改进了 36 次。

由几名职员组成的小规模的酿造师团队负责统查和分析顾客反馈，再整理上报到产品研发部门。这一系列的事情，如果没有人工智能是办不到的。由人工智能设计配方，可以直接与消费者联系，掌握第一手资料，这也是产品研发的新模式。

利思说："下一步将把业务扩大到美国的硅谷、印度的班加罗尔、日本的东京。"还计划将人工智能配方应用到香水、咖啡以及巧克力的制造中。

为了熟知人们的嗜好和需求，他们还源源不断地搜集网络广告。这也使人工智能技术慢慢地进入真实的造物世界。利思还说，说到底就是学习每个消费者和饮食店的喜好，酿造出个性化的啤酒。现在无论是设计、包装，还是制造，都在走向智能制造。

4 超越政治的界限
——是否能抛弃私心？

AI 比人更可信

见到飞速发展起来的人工智能，王晋康感慨万千："与意识不到自己错误的人相比，也许人工智能做出的决定更可信。"

政治并不总是正确的，民主也是一样。英国脱欧，特朗普当选美国总统，被认为不可能的事情竟然成为现实。有时高效率的人工智能不正好完美地填补了人类的极限吗？

"现在的政治家不了解民意。"为此世界研究员网络负责人美国研究员本·格尔策尔（Ben Goertzel）博士组建了一支"人工智能政治家"研发团队，现在已经启动了。

"人工智能政治家"缘起于 2008 年的雷曼事件。美国政府无视地产泡沫最后又试图通过使用财政、金融政策来摆脱危机。如果是人工智能就可以提前察觉危机并将损失降到最低。 Goertzel

人物介绍

生于河南的中国科普作家王晋康，1993 年因 10 岁幼儿想听故事而偶然闯入科幻文坛，处女作《亚当回归》即获 1993 年全国科幻征文的首奖。随后又获国际科幻大会颁发的银河奖。2014 年获全球华语科幻星云奖终生成就奖。

觉得"那些资金如果用到医疗等先进技术上，美国应该会变得更好"。

不再回避问题

不可能把所有的事都交给人工智能。因使用的数据和学习速度的问题不同人工智能所做的判断也有分歧。对多个人工智能的判断采取国民投票，少数服从多数的方式来决定。这就是 Ben Goertzel 所描绘的新的政治蓝图。

我们身边就有一个国家是这么做的，那就是韩国——历届总统由于腐败被迫引咎辞职而导致政治陷入僵局。于是政界的有关人士请求 Ben Goertzel 协助。他们在担心大众迎合主义的抬头的同时，也研发出了决策系统，并决定 2018 年开始运转此系统。

政治危机也在悄悄地袭击日本。

"这样的新提案太愚蠢了吧！"2016 年 12 月 15 日，在自民党的会议上厚生劳动省的议员们这样喊道。为了控制社会保险费的增长，在会议上提出了缩小后期老龄人（75 岁以上）保险金减少的力度，厚生劳动省的议员们为此提出了反对意见。因为害怕老龄人口的不断增长就停止政策的实施，银发主义政策名存实亡。原经济财政相与谢野馨认为"政治上的最大问题就是回避问题"。

因为对民主政治失望柏拉图提出了哲学家治国理论。与谢野馨对政治家仍抱有希望，指出"政治要由人来做决策，人工智能解决不了"，然而国家的欠款已经超过了 1000 兆日元。又有几个政治家自信自己的决策比人工智能更好？这也是国民的课题。

5 继续存在的第二个我
——是真正的"永生"吗？

深受莫斯科人喜爱的著名的步行街是阿尔巴特街。这里也是 19 世纪初叶的国民诗人普希金的故居所在地。即使是零度以下的寒冬，普希金雕像前人群依然络绎不绝。记者向伫立在雕像前的一位老妇人打了个招呼："您想和普希金对话吗？""当然了，他可是一个天才，能见到他的话真是太高兴了。"

在莫斯科郊外的斯科尔科沃创新中心（Skolkovo Innovation Center），为实现人们重逢普希金的愿望，正在展开一项计划。记者看到一个安装了人工智能的"普希金"（智能机器人）朗诵起了诗。

研究人员向人工智能输入了普希金的诗歌以及信件内容，再通过和现代人对话不断学习和提升。参与研发的神经病学（Neurobotics）公司的部门经理说："这位'文学老师'，通过和学生交流'自己'的诗的读后感从中得到学习。"接下来的计划就是复制击败拿破仑的库图佐夫将军。

用超过人类 10 倍的速度思考

不仅仅是过去的伟人，也可将你自己的意识保存在人工智能里，就会有另外一个你存在。

提出这个构想的是原波士顿大学副教授甘以纳·兰达，他是新兴企业 Kernel（洛杉矶）的脑科学研究的领头人。首先让人工智能复制"海马体"，它在人脑中负责记忆处理，如果能复制整个大脑就能创造出一个具有完整人格的人。

甘以纳指出，人工智能可以帮助提升人的能力。例如思考速度会比原本的自己快 10 倍，能记住全部见过的东西或听到的内容。受肉体所缚实现不了的"大事业"，也许可以让那个死不了的自己（AI）去完成。

令人担忧的权力永恒

全世界的人不论东西方都会怀念逝去的亲人，希望他们能复生。关西学院二年级的佐佐木雄司写了一篇《开发复制人的性格的机器人》的论文。爷爷过世以后他非常思念爷爷，"想和爷爷说话"的念头越来越强烈，便开始思考开发这种机器人。

即使能实现，其背后同样隐藏着风险。借助人工智能复活已经逝去的故人使本该逝去的人继续活在世上的话，很可能占据年轻人的空间。想和爷爷重逢的佐佐木又想："如果想到的事情全由人工智能来做了，那么活着的人就失去了存在的意义。"俄罗斯遍传"普京总统想用 AI 复制自己……"，这种传闻令俄罗斯民众有一种说不出的担忧。传闻的源头来自莫斯科的一个非营利机构的研究项目"2045 Initiative"（2045 创始）——复制人的性格并用智能机器人制作分身。虽然 NPO 否认了这个传言，但仍有人担心人工智能会导致权力永远掌握在一个人手里。

虽然存在着危险，但是技术不会停止。应该怎样面对另一个"不死"的自己？我们终将要思考这个问题。

事例

制造不死的 AI
——复活的国民英雄

在莫斯科郊外的斯科尔科沃创新中心，聚集了 50 余家从事与机器人和人工智能相关工作的企业，其中的一家创投公司——Neurobotics 公司想用人工智能复活历史人物。现在正在研发的是活跃于 19 世纪初叶的俄罗斯国民诗人普希金的仿真机器人。

斯科尔科沃创新中心是俄罗斯前总统梅德韦杰夫为支持从事尖端技术的创投企业于 2010 年设立的。在 400 公顷的土地上林立着从事 IT 以及生物科技的企业，同时还设有大学。这里就是俄罗斯版的硅谷，起着将产学研结合在一起的桥梁作用。

Neurobotics 公司除了研发人工智能外，还从事把脑电波信号传递给假手，随心所欲地支配假手的脑机界面（Brain-machine Interface）技术的研发。记者去采访的那天，该公司正在创新中心的一所大学里展示普希金智能机器人。将电极的一端贴在孩子们的头上，接通电脑内的人工智能"普希金"，智能机器人的手便会按照孩子的想法做各种动作。

部门经理乌拉基米尔·科尼西尔夫说："2045 年以后，人工智能将增补人脑所承载的记忆以及计算功能，在人工智能的帮助下人脑也会跳出人的身体走进更广阔的领域。"也可以理解为这是人类运用技术的力量超越时间和空间而广为存在的"超人类主义"（Transhumanism）。

在俄罗斯超人类主义有着悠久的历史。19 世纪末的思想家尼古拉·菲奥多罗夫通过自然科学、哲学以及宗教学等多方面研究，探讨"不死"。苏联将列宁的遗体永远保存起来，在政治上利用他的威信。对俄罗斯人来说，运用科学技术来追求不死似乎是切身的想法。

谙熟俄罗斯正教的清泉女子大学副教授井上圆指出："原本，包括俄罗斯正教在内的基督教，反对利用科学技术创造'像人一样的东西'。但是，因为苏联反对宗教，所以助长了俄罗斯人对科学的信仰。"

后来苏联解体，于是俄罗斯正教复苏。现在很多信徒自由出入教堂做祷告。宗教人士对于现在运用人工智能追求不死之事是怎么看的呢？位于莫斯科郊外的一座俄罗斯正教的教堂里，大主教安德烈·格里齐就人工智能警告大家说："科学技术带给人类的益处是无可厚非的，但是，复制、储存人的性格和意识的想法是妄自尊大"，"人之所以称作人，正是因为人是神创造的。数字化复制出来的已经不能称其为人了吧"。

1997 年由自然科学、神学、法律等各个领域的专家组成的"教皇厅生命协会"发表了题为《克隆是在悲剧地模仿全能的神》的文章。格里齐的想法和天主教不谋而合。但是他又说"教会不能直接禁止国家和企业的经营",最后他冷静地说:"停止走上歧路的按钮就在人们自己心中"。

事例

人与 AI 竞争、共事

第一次工业革命时期，普通工人因机器的发明而担心失业。迅猛发展着的人工智能业也潜藏着危机，也许会夺走法律、医疗等专业性极强的领域的工作岗位。但另一方面人工智能也有可能帮助扩展人的能力、提高人们的生活水平和生产率。随着 AI 时代的到来，人的很多能力将被人工智能所替代，我们要克服这种恐惧，开始思考应该磨炼提升人的什么能力。

工作被蚕食——精英们也望尘莫及

说到精英汇聚的职场，你会想到什么？应该有不少人会想到司法和医疗领域吧。这些是只有一部分精英才能踏入的职业，而人工智能也即将进军这些领域。

英国伦敦大学学院（University College London，UCL）的尼古拉斯·阿莱塔博士正在研发"人工智能法官"，他用过去的审判资料来尝试人工智能是否能够做出合理的判决。他将人工智能的判决结果与实际判决的结果进行对比，吻合度达到了 79%。

图：人工智能正在进军专业性极强的职业

社交能力

护士、看护　政治家、企业家

医师、会计、教师、财务计划员、法律专家

AI 领域

经营、口译
旅游团领队

业务能力

接待、呼叫中心
业务员,
窗口相关服务
收银员

AI

音乐家、
摄影师、
作家、
厨师等

专业性极强

出租车、公共汽车司机,
工厂、仓库人员、农民,
快递员

AI 加速进军的领域

研究者、
手艺人、工匠

经验、技能

注：日本经济新闻社根据专家提供的材料绘制。

庆应大学正在研发参加国家医师资格证考试的人工智能。它正在通过学习历次考试的试题提高答题正确率，即将达到合格。这些研究的目的是让人工智能做法律人士和医生的助手，但同时人工智能也学到了大量渊博的知识。人工智能所做的就是学习，它能够读取庞大的资料和数据，并进行分析，还能瞬间完成复杂的计算，有时它能轻而易举地做人类不能或者难以做到的事。也有人认为这是很可怕的。

在动漫共享网站"Youtube"上，外国投稿的 *Humans Need Not Apply*（《无须录用人》）这部动画掀起了关于"这是现实"的话题的讨论。因为汽车的普及人类慢慢地不骑马了，动画片中预测人类将会走上同"失业"的马一样的道路。如果真正地开始使用无人驾驶和机器翻译等技术，那人工智能将会承担起口译、笔译以及出租车、公共汽车司机的工作。也有人认为到那个时候不需要懂外语，也无须会开车。

动画片中，在司法和医疗领域也能看到人工智能和机器人的身影。以前机器和电脑将人从身体劳动和事务工作中解放出来，而人工智能所涉及的是大脑的领域，精英们也望尘莫及。

人机共存——各尽其责

人工智能不仅仅从人类手中夺走了工作，它还能"照亮生活"。英国的 Azzuri 公司正将"人工智能太阳能发电系统"引入无法铺设输电线的肯尼亚、加纳、多哥等中非地区。仅仅靠太阳能电池的话，白天的发电量就不够夜晚用的了。人工智能可以根据当地居民的用电情况，在白天发电量不足时调节夜晚照明的亮度。现在，它正在为 9 万户家庭提供服务。

身为 CEO 的西蒙激动地说："电是最重要的。"有电的生活打开了获得知识和能力的窗口。在静冈县湖西市，种植黄瓜的农民小池城（36 岁）心疼自己的母亲正子（65 岁）。发货量大的时候一天要分拣黄瓜 8 个小时，因此患上肩周炎，肩膀特别酸痛。阿城使用美国谷歌公开的系统，尝试制作了一台黄瓜分拣机。该机器根据图像，按黄瓜的弯曲程度以及长短粗细分 8 个步骤进行分类。正子说："瓜农很辛苦，既没有盂兰盆节也没有新年，就算刮台风也要分拣。"阿城也说如果自动分拣机能将我们从繁重的劳动中解放出来的话，"想和朋友去外面吃饭、购物"，"空出来的时间也可以照料黄瓜，种出高品质的黄瓜"。

日本的劳动力人口在不断减少，改变长时间劳动的状况已刻不容缓。野村综合研究所的岸浩埝主任顾问指出与其将被人工智能抢走工作，不如让人工智能做它所能胜任的工作，这样"可以减少工作，提高生产率"。

即使人工智能向医疗、司法领域发展，光凭灌输给它的专业知识和数据也不可能完全替代医生或法官。但是，在人机共存的世界里，人需要更进一步磨炼自己的能力，尤其是只有人才具备的能力。

人应该磨炼的能力——人性就是武器

伴随着普及人工智能时代的到来，人应该磨炼什么能力？

仅从生硬地灌输知识这一点，人机之间不能分出优劣。著名的大阪大学的教授、从事智能机器人开发的石黑浩预测说："今后，像学习法律知识、将处方程序化等工作都可以由机器人来做。"

美国微软的 CEO 萨提亚·纳德拉（Satya Nadella）强调说："在人工智能普及的社会里缺的就是能与别人感同身受的人类。"例如在医疗领域，他指出"即使人工智能能够取代医生的工作，护士和社会护理人员的人手还是不足"，由此看出人工智能无法完全从事这方面的工作。

图：在人工智能普及的时代，人应具备的主要能力

具备挑战精神、主体性、行动力、洞察力等素质	21 人
具备想象力、创造力	21
交际、指导等处理人际关系的能力	19
收集情报、解决问题等所需的贯彻能力	12
语言能力、理解能力、表达能力等基础素质	10
其他	12

注：引自日本总务省对有识之士的问卷调查

《人工智能和经济的未来》一书的作者，驹泽大学的讲师井上智洋认为"创造性、经营管理、服务三个因素最为关键"。总务省在调查有识之士关于人工智能时代，人应具备的最重要的能力是什么时，回答说"具备主体性、行动力等素质""具备想象力和创造力"的人最多，其次是"具备交际等处理人际关系的能力"，而回答具备语言能力等"基础素质"的人比较少，调查显示，大家主要强调的是应掌握只有人才具备的能力。

接待访日的游客，谁是中坚力量

人工智能所擅长的领域之一——机器翻译技术进步显著。简单低级的口笔译翻译机已经渐渐被淘汰。大约一年前来福岛县里磐梯 GRANDECO 滑雪度假村工作的意大利员工说："一些比较难的标志也能用英语解释，我都没有不认识的词了，真是太给力了。"语音翻译软件"VoiceTra"是她工作的好帮手，能够翻译日语、英语、汉语和韩语。

该度假村预计仍会有访日潮，今年（2017 年）的冬季游客相对于秋季将会倍增。面对倍增的外国游客，度假村的应对策略之一就是 27 名活跃在度假村的越南、中国等职员。营业部负责人高野美鸟说在接待、研修等各种场合，翻译机都是"至宝"。

国际化的浪潮也冲击到了老字号的温泉旅馆。福岛市土汤温泉町是日本屈指可数的小芥子木偶的产地。在那里，有 64 年历史的山水庄的年轻老板娘渡边利生（28 岁）认为在人手紧缺的今天，"外国员工成了中坚力量"，"虽然日语很差，翻译机却能派上大用场"。游客、度假村员工讲的都是不同国家的语言，翻译机是他们之间的纽带。

第 四 章

未来
来临之际的
选择

1 失去工作的日子
——能适应变化吗？

在印度南部的古都迈索尔（Mysore）的郊外，车流如梭、人流如潮，穿过这片杂乱无章的街区，就能看到被高高的围墙和摄像头包围着的建筑群，这里是印孚瑟斯技术有限公司（Infosys Limited），是印度 IT 服务业的大公司。

2016 年又有 8000 人失业

印孚瑟斯是靠受理欧美的跨国企业的系统开发和呼叫中心业务发展起来的。2016 年这家公司有 8000 人失业，原因是公司正式引进了人工智能。

"现在的工作你不用做了。"——2016 年末的一天，一位身穿牛仔裤和 T 恤的 31 岁的男职员从上司的办公室里走了出来。他大学毕业后进公司，一直做监视系统的工作，如今人工智能取代了他，他失业了。"人要花费几个小时做的工作人工智能一瞬间就做完了，我败给了人工智能。"他遗憾地说。

呼叫中心也将被声音识别 AI 所取代，而且人工智能还自己开发系统。自人工智能入驻呼叫中心以来，工作效率提高了，而 19 万名职员中有 5% 的职员失去了工作岗位。

随着人工智能的普及，失业的人还会更多。根据野村综合研究所和英国牛津大学的研究显示，有 49% 的工作岗位有可能被人工智能替代。

新岗位也应运而生

如果只盯着负面影响，我们将看不清事情的本质。人工智能虽然夺走了很多岗位，但新岗位也应运而生。希望按顾客的要求改造人工智能、希望做一下数据加工让人工智能更准确快速地做出分析……这样的订单越来越多。那位 31 岁的男职员也参加了公司内部的人工智能进修班，他说："如果进修合格就会去做与人工智能相关的新的工作，不会失业了。"

2017 年 1 月，在美国纽约金融业工作了近 10 年的杰克·贝拉斯科被公司炒鱿鱼了，"这几年从事操盘手这个职业的人减少了10% ~ 20%"。大概从 2010 年起人工智能就开始当上了操盘手，很多销售交易员都辞职了。

虽然贝拉斯科说"受到了打击"，但他并没有受困于操盘手这个职业。如今，将 IT 技术应用到金融业中的 Fintech（金融科技）公司"在纽约如雨后春笋般地诞生了"。他每次去那些新兴企业面试都切身地感到"需要用到金融知识的工作越来越多"，他打算接受人工智能带来的新工作。

人工智能并非万能。富国生命保险（Fukoku Mutual Life Insurance）将人工智能引入医疗保险金审核业务，让人工智能代替了 30 多名负责确认病人信息的业务员。但是一位女业务员说："在读疾病名称时由于人工智能自身原因会有失误，所以必须要仔细核对。"由于出错数占总数的 10%，还需要人再做核对。因此人来辅助人工智能的工作多起来。

20 世纪 80 年代，自动化生产取代了工厂的手工制造，到了 90 年代，IT 革命带来了办公自动化，办公室的工作减轻了，而另一方面新生了系统开发、网络服务等职业。革新总会带来新气象，人工智能也不例外。

访谈

AI 的发展会对人类构成威胁吗？
——访问 4 位诺贝尔奖获得者

人工智能今后会进化到什么程度？关于人工智能的未来，记者采访了诺贝尔奖的 4 位获得者。

"历史会证明，即使制定规则也会违规"

利根川进，理化学研究所脑科学综合研究中心负责人

问：科学研究会因人工智能的出现而改变吗？

答：变化不会太大。在生命科学与物理学等传统领域，科学家一直凭借自己的灵感，去建立一个关于某种现象为什么产生，以及如何产生的假说，然后通过实验或者是观测来证明这个假说。像这种靠研究者的想象力与创造力所进行的研究今后仍会持续下去。

另一方面，研究开发人工智能的方法各异。比如说，开发下围棋的人工智能是为了赢冠军，并不探究智能机器人为什么下这一步。今后像这样做各种新的研究的人将层出不穷。

问：你认为人工智能会对人类造成威胁吗？

答：这不是智能机器人的问题，而是使用人工智能的人的问题。尽管制定了禁止开发对人类有危害的智能机器人这一规定，但是也不知道什么时候就会违规。总有一天，人工智能也会针对人类，历史会证明违规在所难免。

问：您认为人工智能能复制人脑吗？

答：人脑在进化过程中，会选择取舍遗传基因，逐渐获得更多的功能。我们不可能将这些功能导入机器中，并让其做和人类相同的事情。人脑并非像人工智能那样仅仅拥有一种或者两种能力，诸如只会下围棋，只把猫当作猫。我认为目前还没有既有高超技艺又有领导能力等像人类这样方方面面都擅长的人工智能。

"对跨国间的交流有巨大的作用"

爱德华·莫泽，挪威科技大学卡夫利科系统神经科学研究所所长

问：您如何评价人工智能的发展？

答：我认为对于科学家来说人工智能是最重要的工具。而使用人工智能来分析庞大的数据与信息有助于了解复杂的大脑。但

当今的人工智能能力有限，例如人工智能还不具备创造能力，只能按指令启动程序。它只不过是完美地做到了人脑所能做的事情当中的极其小的一点事，以极端的形式执行人类的指令的机器罢了。人脑不会成为无用之物。

问：2045 年"奇点时刻"到来时，它还只是人类的工具吗？

答：很难预测。人工智能今后会越来越精练，能做的事情越来越多，能够自如地处理比现在更加复杂的课题。也有人担心一旦人工智能会独立思考后会怎样。在那之前希望能够找到人与人工智能如何相处、如何相互约束的方法。有关伦理方面的辩论是必不可少的，但是不应该阻止人工智能技术的发展。

问：发展到一定程度，采访也能够使用母语了。

答：正是如此，与外国人交流毫无疑问会变得更加容易。但是，语言是文化的一部分。有助于交流和能够理解文化不是一回事。

125

"利用人工智能开展研究宇宙生命体的项目"

乔治·斯穆特（George Fitzgerald Smoot），美国加州大学伯克利
分校（University of California，Berkeley）教授

问：您认为人工智能会给科学带来怎样的知识？

答：人工智能已经给科学带来了某种知识。观测重力波的重力
波望远镜（LIGO）是一种极为复杂的电脑程序。人工智能利用
算法来检测出重力波。物理学家与天文学家历时 2 ~ 3 个月来
检验其是否正确。重力波是人机合作的证明。

至于人工智能自己会思考科学问题嘛，我想这还需要花点时间吧，
但是我相信人工智能通过分析大量的数据从中发现有趣的关联
性是迟早的事情。

问：在未知的粒子或深空探测中人工智能将起什么作用？

答：致力于基本粒子探测的欧洲核子研究组织（European
Organization for Nuclear Research）的探测器与重力波探测器相似。
这个安装有上百万个感应器的巨大且复杂的装置能够捕捉粒子
反应的那一瞬间，这里也有人工智能的身影。在宇宙探测领域，
会在小型探测器里安装简易的人工智能用以探测天体、收集有

关生命体的相关的信息，这个项目正在美国的加利福尼亚展开。

问：人工智能对人类而言是威胁吗？

答：虽然有人担心人工智能会创造出魔鬼进而称霸世界，但那种风险并不高吧。从个人层面而言，在人类创造出新的技能和职业之前，人工智能便进化了，到那时一半以上的人在能力上都将逊色于人工智能，这种风险明显很高。有很多人失业、政治不稳定，全社会必须在这一时刻到来前做好准备。

"在人工智能时代我们必须明白数据分析的意义"

埃里克·马斯金（Eric S. Maskin），哈佛大学教授

问：您认为人工智能将如何改变世界？

答：从消费者的角度来看，肯定会将世界带到积极的一面。现在只要开车时打开谷歌地图就会为我们指出一条最快捷的路线；想看书的话亚马逊会向你推荐。

从劳动者的角度来看，他们也许会担心工作被抢走。但是实际上他们的工作不会立刻被取代。从长远来看，正如过去从事体力劳动的人被机器取代一样，有很多工作将会被人工智能取代，

但到那时，也会诞生新的工作吧。

问：人工智能时代，人类应该发展什么样的能力呢？

答：数据分析能力以及思考能力是必需的。虽然人工智能已经有了数据分析的能力，但是必须了解数据分析的意义。从哪里收集如此庞大的数据让人工智能学习，怎么样灵活运用人工智能，等等。（记者：矢野摄士、生川晓）

2 朋友也会变成敌人
——能压制住恶念吗？

在去板门店的路上远远看到的那个地方比想象的更开阔。这便是分隔韩国与朝鲜的军事边界线一带的非武装地带。总面积有900平方公里，用肉眼来监视这片地带是很难的。

在半径4公里内迅速捕捉目标，紧急时用火力压制——针对不断进行弹道导弹发射和核试验的朝鲜，韩国配备了"特种兵"，这便是手握机关枪的机器人。

机器人伺机攻击

首尔大学的李范熙教授说："让人工智能或者是机器人站在前线，能够使士兵不用面对危险，减少士兵受伤的风险。"但也有担忧，在首尔采访到的一位韩国女性（28岁）不安地说："若是不能做出正确的判断该怎么办？"当机器人自行发起攻击时，它能做出精准的判断，区分敌我以及士兵与老百姓吗？智能武器已经成为现实生活中的威胁，"该如何驾驭它呢"？（拓殖大学的佐藤丙午教授）

人工智能也有可能会伺机攻击你。

"用日语介绍自己"……这里是位于美国加利福尼亚州的一位技术流艺术家阿莱克斯·列本的工作室。记者来采访他时，他催促记者戴上他的作品——智能耳机。"在……报社……工……作",怎么?不清晰……越来越不清晰了,记者很无奈地取下耳机。

这是一个可以控制说话速度的设备,所以从耳机中能够听到经过软件特殊加工后的慢吞吞的自己的声音。耳朵听到的已经被拖长的声音,再次放出声来时更加缓慢,最后,即便想要开口嘴也不能动了。高级人工智能剥夺人脑的自由并操纵人脑是很容易的事。列本曾在美国麻省理工学院研究机器人。在信息技术发展的这几年里,他深感人工智能技术也有很大的风险。于是他特意制造可能会对人类造成伤害的"邪恶机器人"用以告诫人们。

无法控制之忧

人工智能因使用方法的不同,可以是敌人也可以是朋友。美国谷歌旗下的 DeepMind 推出了"能够模仿任何人的声音"的声音合成技术后,"容易被用来诈骗"的呼声高涨。在日本此技术也有可能被恶意用作"电信诈骗"。

英国牛津大学等学校 2015 年公布了"威胁人类的 12 个风险"。有气候变化、核战争、全世界流行的传染病等,人工智能也被列入其中。人们畏惧会诞生无法驾驭的人工智能和机器人。然而"人工智能具备消除其他 11 个威胁的潜能"（棋手·羽生善治）。人类如何与这个既能解难又会带来灾难的人工智能相处呢？这就要看人的智慧了。

事例

拥有伦理观的 AI
——仍然有失控的威胁

"人工智能要成为社会的一分子，或者要把它当作社会的一分子，就必须和研究人员一样严守伦理准则。"2017 年 2 月底，由日本人工智能研究者们组建的人工智能学会制定了《伦理准则》，此准则一出台便成为全世界人工智能研究相关人士们热议的话题。准则除了要求研究人员遵守法律和伦理之外，还要求人工智能自身也应该遵守伦理观。

目前还未研发出具备伦理观的人工智能。将来首先在技术层面上要求开发出具备伦理观的人工智能是极为特殊的例子。遵守正确使用人工智能、防止不法研究才是一直以来的伦理准则。

如果有了自我意识的话，人工智能也有可能对人类拔刀相向。像科幻电影那样，只会引起人们的恐惧，也有人会因此讨厌人工智能。专门负责制定专项政策的京都大学的西田丰明教授说："我们必须解除社会对于人工智能这项技术的莫名的不安。"

要研究什么样子的人工智能？它将对社会发挥怎样的作用？要得到人们的理解和接受，与社会进行一场认真的对话是必不可少的。同样负责制定此项政策的国立情报学研究所的武田英明教授解释说："准则是社会和人工智能研究者进行对话的开始。"

围绕智能机器人和伦理观的讨论，其关注的焦点之一就是军事武器。韩国已经在其与朝鲜接壤的地带布置了"SGR-AI"智能机器人，它是一款由 Hanwha Techwin（韩华）研发的机器人，这是一种哨兵，监视半径为 2～4 公里内可疑的移动物体，配备机枪，得到允许就可以攻击对方。

首尔大学的李范熙教授分析说："单从性能上来看，这还没达到'智能武器'的水平。达到的成效与研发成本不成正比。"然而具有杀伤力的武器"在服兵役"这个事实是很沉重的。

因为切身感受到朝鲜的威胁，一位居住在首尔的韩国女子（28岁），对于以防御为目的引进智能武器表示理解，但是她仍然很担心。本应该加深南北对话，可一旦布置了智能武器，可能会被人误解为"不与朝鲜对话"。同时也担心万一智能武器失控的话，可能会引发战争。

2016 年 3 月，美国微软公布了其开发的，能在推特（Twitter）

上与人交流的聊天机器人（Tay），此消息一经公开就不停地遭到谩骂。因为在聊天过程中用户会说"希特勒没有错"之类的话。聊天机器人通常会利用和用户聊天的机会抓紧学习如何问与答，还时常被不怀好意的用户灌输歧视性言论等。如今有关人工智能的伦理问题渐渐浮现出来。

2016 年，日本总务省信息通信政策研究所总结的报告书中提到，带有思想的智能机器人要求赋予参政权等权利，有对人类举旗造反的风险。

在经合组织（OECD）科技创新合作联络办公室中，数字经济政策科的安·卡布朗科长评论道："有关伦理方面的探讨日本在世界上走在最前面。"虽然在欧洲探讨是否让智能机器人拥有法人资格的问题走在了前面，但是他们至今都未涉及人工智能本身应当遵守什么伦理这个问题。

2016 年秋，白宫发布了题为《准备好迎接人工智能的未来》的报告。参与撰写报告的白宫科学技术政策办公室（OSTP）的前首席技术官（CTO）助理说离人工智能自己具有思想"还相当遥远"。但同时他赞成有必要深入讨论人工智能的伦理问题。

他还指出不能过分地炒作伦理问题和风险。谷歌的人工智能

图：人工智能学会的伦理准则

为人类做贡献
为人类和平、安全、公共利益做贡献
遵守法令法规
尊重法律、知识产权
尊重他人的隐私
妥当处理个人信息
保持公正性
研发时注意不能带有歧视
确保安全性
注意安全性和可控性
诚实
要得到社会的信赖
要对社会负责
警惕人工智能潜在的危险性
加强与社会的对话和自我专研
努力加深了解人工智能
要遵守对人工智能的伦理约束
人工智能也必须遵守伦理准则

注：日本经济新闻社整理自人工智能学会提供的资料

开发负责人 Greg Corrado 首席研究员说："里面包含有哲学问题，但是没什么重大的风险。（鼓吹新技术有风险）就好比是杞人忧天。"他肯定了探讨如何应用人工智能的重要性，但同时他也提出应该重视"平等"的技术共享。他指出："倒不如说更让人害怕的是使用人工智能和不使用人工智能的人的差距越来越大。"

2014 年，为了阻止人工智能开发的失控，Skype 的联合创始人让·塔林（Jaan Tallinn）创立了生命未来研究所（Future of Life Institute，FLI）。FLI 提出了"阿西洛马人工智能原则"，指出"高度自律的人工智能系统其目标和行动要与人的价值观一致"等，此原则得到了全球研究者的支持。此原则虽没有什么约束力，但是塔林认为其重要意义在于"这是一个方针性的东西，将会影响今后研究人员的研究思路"。

3 成长中的人类
——能让 AI 发挥出真正价值吗？

在离咖啡馆、品牌店云集的美国洛杉矶中心街几个片区远的地方，完全看不到中心街繁华的景象。刺鼻的臭味、横躺在路边的流浪汉、漫天乱飞的黑色虫子。下车时出租车司机喊道："不要过十字路口。"

仅洛杉矶这一个地区就有 4.7 万多个无家可归的人。感染艾滋病者、吸毒者不计其数，已成为一大社会问题。只有南加州大学（USC）的研究者们在这里活动。他们准备利用人工智能揭开从外部无法看见的流浪者社会内部的真实形态。

通过解析人际关系找到他们中间最有影响力的人，在无家可归者中展开 HIV 诊查，这在以前是很难办到的。

只有靠反复的实地调查完善数据

一开始就觉得用一般的方法是行不通的。因为仅仅靠援助无家可归者团队的工作人员所掌握的人际关系信息，人工智能无法胜任此项工作。埃里克·赖其（Eric Rice）副教授开始着手"找朋友"，最终为了搜集关于人际关系网的准确数据，他决定让学生和工作人员一次次地前往当地。

如果人工智能推算出的流浪者的领导已经不在了，就要从头开始推算。只学习了网络上的大数据的人工智能在现实社会中未必有价值。人和人工智能间的合作"尚未成功"（Rice 教授认为）。

如何发挥人工智能的真正价值呢？这是以竞争为目的引进人工智能的企业共同的课题。"又要从头来啊！"日本永旺株式会社（AEON）的福岛碧叹了一口气。2016 年 10 月该公司引进一套自动客服系统。

不得要领的回答

项目初期，当员工提问"打不开考勤表页面"时，人工智能却回答"关于邮件的注册"，完全偏离了所问的问题。近半年过去了，能做出的满意的回答只有 140 种。

东京工业大学的寺野隆雄教授指出："在数据整理和人才培养方面，还有很多企业尚未做好准备，不能运用好人工智能。"

HIS 国际旅行社董事长泽田秀雄针对采用机器人服务的长崎县的"奇怪的旅店"明确表示："最终将会由一名员工来维护酒店的运转。"该酒店原来有 6 名员工。2017 年 3 月，2 号店在千叶县开业，看起来是开始走上正轨了，但现在仍在不断摸索中。

该酒店使用会说话的智能机器人时，就遭到了很多旅客的抱怨："我们人和人说话时它总插嘴，真烦人。"因为声音识别的敏感度太高，最终变成了一台不会察言观色的"多管闲事的机器人"。

虽说现在人类有完美的应对之策，但归根到底总是受机器人左右。吃一堑，长一智，只有矢志前行才是通向未来的捷径。

事例

AI 从事支援无家可归者的工作
——预防通过交友传播艾滋病

以美国洛杉矶的南加州大学的研究人员为中心，展开了"抑制在无家可归者之间传播艾滋病"的项目研究。先用人工智能绘出他们的朋友关系图，并预测哪位年轻人最有影响力，利用此人的影响力，提高 HIV 诊查的识别率和受诊率。从开始构想到现在为止已经过去 3 年半的时间了。为了发挥人工智能的真正价值，他们反复进行试验，这对日本的企业也是极具启示意义的。"70% 的人知道有 HIV 诊查，其中 40% 的人重新接受了诊查。"2017 年 1 月，南加州大学社会福祉系研究无家可归者问题的埃里克·赖斯副教授看到项目目前的调查结果后目瞪口呆。据研究调查显示无家可归者的 HIV 感染率是一般人的10 倍，这也是美国社会所面临的重大课题。赖斯等人着手于利用人工智能技术来抑制 HIV 的传播，最终结果以数字的形式展现。

一开始并不是一帆风顺的。2013 年的年中，赖斯副教授与合作者——南加州大学的米林铎·汤贝之间因意见分歧还在苦苦争论着。赖斯副教授在一次大学的交流活动中遇见了人工智能专家汤贝。虽说两人之间意气相投，"在解决无家可归者这样的社会问题方面，都想到了使用人工智能技术"，"但我们之间存在着很大的'语言障碍'"（汤贝）。

"人工智能能做什么？不能做什么？""机器学习和深度学习的区别是什么？""洛杉矶的无家可归者中存在的问题是什么？"……两人的研究领域不同，对于自己来说是很普通的术语和知识，对方却听不懂。为了将人工智能技术活用到援助无家可归者项目中，就必须要从梳理、共享彼此的知识领域开始。

越过语言障碍后两人又遇到了新的问题。两人召集学生组建了项目研究团队开始着手开发人工智能。但是从一开始他们就意识到了提供人工智能学习的数据严重不足。

现在，大多使用 Facebook 这样的社交网站（Social Networking Services，SNS）来掌握人和人之间的关系。但是，无家可归的年轻人大多并不是通过 SNS，而是在大街上建立朋友关系的，无法参考 SNS 上面的数据。在帮助无家可归者志愿者团队的协助下，该研究团队通过一个一个地去询问"你的朋友是谁？"来收集数据。

通过这些数据人工智能用算法简单地推导出了无家可归者的人际关系图和对周围影响力较大的几个年轻人。"太复杂了，人无法胜任这项工作。"（汤贝）

但有时也并非顺风顺水。团队去找人工智能选出的年轻人，却查无此人。研发的人工智能虽然能够分析人际关系，但是分析不出这人在哪儿。另外，他们也注意到了输入给人工智能的前提条件与现实存在差距，仍需完善。

要发挥人工智能真正的价值也需要改变人工智能使用者的成见和认识。据说人工智能选出的年轻人中，有的看起来很内向，也有的有前科。负责培训这些年轻人的志愿者团队的工作人员也对人工智能的人选持有疑问。

即便如此，赖斯仍然"相信人工智能"，他希望大家改变认识。因为 70% 的 HIV 诊查识别率和 40% 的重新受诊率，这个数字都比不使用人工智能时要高。

汤贝和赖斯所面对的课题决不罕见——人工智能使用中与 IT 技术人员之间的语言障碍、收集精准数据的重要性、人工智能的计算和实际情况的磨合，还有人类对人工智能推算的结果的信

任度。所有这些虽说程度各有差别，但是这是许多企业在引入
人工智能技术时所面临的课题。

两人都说："最重要的是在不断摸索中继续前进。"未来就在
前方，为我们敞开大门。

4 雕琢璞玉
——能发挥年轻人的潜力吗？

2017 年 3 月，在中国上海的一间办公室中聚集了 50 多位年轻人。他们都是北京大学、清华大学等学校成绩优异的研究生，他们不是来闲聊的，一个个专心致志地敲击着键盘。

来中国挖掘人才

那是从事人工智能软件设计开发的 WAP 公司（Works Applications，位于东京都港区）举办的应届毕业生招聘及选拔会。选拔形式是给每位应聘者 5 天时间，以"如何创建未来的书店连锁系统"为题，开发一个系统，展现各自的实力。

一位学生介绍了他正在开发的这个系统的功能："能够分析库存，并自动发货。"他熟练地使用多个编程语言编写软件。负责指导的谢健清大声地说："他的编程严谨，能够从顾客的立场来考虑问题。"该学生脸上绽出了笑容。

在中国举办这场招聘会是为了弥补人才不足。经济产业省的调查显示，日本国内从事人工智能等尖端 IT 行业的人才已经有 1.5 万人的空缺，预计 2020 年将会扩大至 4.8 万人。

"他们的编程速度惊人"（招聘负责人），这些有能力的年轻人都进过百度、阿里巴巴等中国的 IT 大企业，美国企业也向他们发去了邀请。

中国的人工智能相关的专利数量接近美国，这也是政府导向的成果，学生从小学开始除了数学、物理、化学，还上编程技术课。

但是，中国的人工智能相关的论文中创新观点不足。有人指出在实际运用方面，存在着从站在市场的立场考虑问题的能力不足。复旦大学从事人工智能研究的危辉教授表示有种危机感："如果没有更宽的视野的话……"

日本也在开始尝试雕琢璞玉。

超越文理科的框框套套

2017 年 4 月，滋贺大学开设了数据科学系，旨在培养人工智能人才。其授课科目不仅有统计、编程等理科科目，也有经济学和伦理学、社会心理学等文科科目。系主任竹村彰通教授认为人工智能时代的人才培养"应该超越文理科的界限，进行全方位的教育"。

该系招进的 110 名学生都是不分文理的。该系还和意外伤害保险公司联合，开设分析第一手数据的相关讲座。

2017 年 3 月，大阪市以"未来的工作"为主题，在初、高中生中举办了企划大赛。谷口佳玲（金兰千里中学三年级学生）的"人工智能法专家"受到瞩目。人工智能犯罪或发生事故时，必须要有用于制裁的法律和专家……这是想象力具体化的表现。谷口佳玲："在美国经常会提到无人驾驶车导致交通事故诉讼的话题，我认为用现在的法律制度无法裁决。"

未来的年轻人将会生活在人与人工智能共存的社会中。是被人工智能使唤？还是物尽其用地使用人工智能？未来必须由我们自己开创。

访谈

采访开成的初高中校长
——AI 时代应具备的能力

随着人工智能和机器人的普及，将来机器有可能会从人手中夺走许多工作岗位。那么人工智能时代人类应具备的能力是什么呢？如何培养孩子们在未知的未来时代生存下去的能力呢？记者采访了全日本首屈一指的升学率高的学校——开成中学（初、高中，位于东京都荒川区）的柳泽幸雄校长。

问：在人工智能等自动化发展的进程中，人应具备的能力是什么？

答：这 50 年间，随着自动化的发展，有许多业种已经消失。比如打字员，以前工资很高，但是现在已经没有这个职业了。因为所有人都用文字处理机和电脑来打汉字。检票员和电话接线员也消失了。顺应技术的进步和社会的变化，职业也在发生变化，但是教育不应该变，因为孩子的成长阶段是不会变的。

有时在中等教育中学到的技术等到进入社会时已经落后了。10年前必须要学会盲打，但是现在已经变为用声音识别了。没有人能够预测今后要具备什么样的技能。最重要的是要有自信和对自我的肯定。这样有了自主性，即便是需要新技术时，也会自己去学习并掌握这些技术。因此要鼓励孩子，让孩子积累成功的经验尤为重要。

问：最近，编程教育很热。

答：在开成，高中的课程中也打算教编程，考虑加入电子制表、Word 等的通用软件的使用方法、平方根的计算程序算法等。我们的目的不是记住编程语言，而是要构建逻辑性的判断过程。编程的话会画流程图就可以，就像输入走这边，输出走那边之类。但是仅学这些学生会厌烦，所以也会学习编程，不过因为编程语言更新迅速，有时好不容易学会了，可等进入社会才发现已经没什么用了。

问：如果社会变成了人工智能可以解析所有的数据并从中选择最合适的回答的话，是不是就不再需要传统的填鸭式教育了？

答：人不仅仅会判断，也会决断。所谓判断，是指收集信息并进行逻辑分析。会逻辑分析就会解答。决断涉及的都是将来的事，就算是做逻辑性解析，答案也不止一个。电脑做不了如此完美的分析。因为是分析过去的积累得出的判断，是否与将来吻合不得而知。

答：可以用变量图来分析，横轴为知识量，纵轴为质量。量增多的话，质也会改变。在量少的阶段学知识就像是囫囵吞枣。当量增加到可以用自己的语言加以阐述时，才真正地掌握了知识，这时才会灵活运用知识。一个个掌握了的知识就好比葡萄串，到了某个时候一下子就结成串了，这就是创造。也就是说，没有掌握一定数量的知识就没有创造。

借助人工智能分析大数据，就会发现我们以前没有注意到的事物间的关联性，这些关联性就是资料。但是归根结底也只是资料，不可能产生新的东西。因为这些资料都是过去的，只有加上人的智慧才会产生创造力。3D打印机的出现使手术变得简单起来，但是归根结底做手术的还是人，电脑做不了决断，而仅仅只是提供了做决断的资料。（记者：阿曾村雄太）

访谈

在 AI 行业中崭露头角的中国
——采访复旦大学危辉教授

当下中国由于人工智能人才辈出而备受瞩目。中国人工智能相关的专利申请数正猛追世界第一的美国。领跑者就是百度等中国的 IT 大企业，以及北京大学、清华大学等代表中国最高水准的学院派。记者就中国培养人工智能人才的实际情况，采访了复旦大学的危辉教授。

问：据说中国将成为人工智能人才的宝库。

答：美国谷歌旗下的公司开发的围棋软件"阿尔法狗"使用的深度学习软件受到青睐，于是一群兴致勃勃的优秀人才汇聚到此。从中国整体来看，原本大学的研究课题就很多，在国际性研讨会上，中国的大学的研究成果正崭露头角。

中国的论文也告别了跟风国外论文的阶段。而且还规定研究生的论文如果没有达到或超过世界级标准不准予毕业。美国的研究肯定是一流的，但是相比博士课程的水平中国并不逊色。

问：据说大学申请专利的数量大幅增加。

答：大约 10 年前，研究人工智能的人很少，也没有资金。但是随着人工智能热的到来情况发生了巨变。不仅仅是政府提供的预算，中国的 IT 大公司、创投公司为了获得大学首发的技术，也开始了投资。资金增加、人才汇聚，人工智能研究正呈现出良性循环。大学成为科学技术汇集之地。

中国凸显的优势是人口众多、作为人工智能研究的基础的大数据容易收集。研究一下医院患者的数据，就应该知道中国医疗领域人工智能研究发展迅速的原因。

问：关于小学的教育制度助推了人工智能的研究，您有什么看法?

答：中国在小学、中学的义务教育阶段就很重视数理化，从小学开始就在锻炼学生的逻辑思维能力。父母也很清楚数理学习的重要性，纷纷让孩子上补习班。使用电脑编程的教育也走进课堂，孩子在电脑方面的技术知识水平也提高了。

问：填鸭式教育没有负面影响吗?

答：对于仅仅提高专业领域的能力有人持反对意见，目前正在修订中。如开设培养独立思考独立解决问题的能力的课程，掌握教科书以外的知识，推广开放式的思维方式等。

希望在校的大学生们也有广阔的视野。从生物学和心理学的角度探究人脑也很重要，希望不要只停留在专业领域。短期内难以有成果就会容易敬而远之，但是从长远看，这将成为超前的人才。

问：今后，中国将如何引领人工智能技术？

答：在美国，人工智能热越来越高涨。迄今为止，中国的研究还处于紧追阶段，但是现在确确实实很重视实质性的研究。成果评价的依据也转变为是否被其他研究者引用，或者是否在产业、工业中使用等。

另外是否具有独创性和创造性是制胜的关键。在中国，人工智能人才数量剧增，但是具有独创性和创造性的人才还只是一小部分。我们要培养能够专研尖端技术的人才，哪怕他从未成功过。

（记者：森园康宽）

事例

人能与机器人竞争吗？
——日本 50% 的工作有可能被机器人替代，在 AI 研发主要国家中占首位

人工智能的出现，使得全世界都更关注机器人。《日本经济新闻》和英国的《金融时报》（*Financial Times，FT*）实施的共同调查研究表明，人从事的大约 2000 种工作（业务岗位）中的 30% 是可以让机器人来做的。在人工智能主要研发国家之一的日本，有一半以上的工作能够实现自动化，已经进入了人与机器人竞争工作的时代。

2017 年 4 月 22 日，《日本经济新闻》在网上公开了《日本经济新闻》和《金融时报》共同研发的分析工具，只要读者选择输入自己的职业，就能计算出此工作被机器人夺走的概率。《日本经济新闻》和《金融时报》再次汇总了美国麦肯锡公司（McKinsey & Company）收集的 820 种职业共 2069 个工作岗位的自动化倾向。这是一个庞大的数据，《日本经济新闻》和《金融时报》将其应用在了工具的开发和共同调查方面。

全盘自动化寥寥无几

调查的结果表明，占全部工作岗位的 34% 即 710 种工作岗位可以被机器人取代。其中一部分工作，如眼科检查师、食品加工、粉刷匠等，可以全盘交给机器人。但是，未来我们没有必要过度担心。因为还有大半的职业是机器人无法替代的复杂业务，全盘自动化的工作只占全部工作岗位的 5% 不到。始于 19 世纪工业革命时期的制造业，其发展过程就是向自动化挑战的过程。200 年后的今天，人工智能的发展正在掀起新的自动化浪潮。

在麦肯锡的引擎组装车间，77 个岗位中的 75% 都可以实现自动化。如组装零部件、产品装箱等工作。美国通用汽车公司（GM）对其在世界各国的分厂引入了大约 3 万台机器人，其中有 8500 台机器人可共享机器运转情况的数据，人工智能对其进行严密监视，预警生产线上的故障。

自动化的浪潮也涌到了白领阶层和办公职场。美国通信大公司 AT&T 通过软件机器人，实现了顾客订购的文件化、密码重新设置等 500 个业务的自动化。因为提取数据和计算数值的速度远远超过了人类，AT&T 公司计划"到 2017 年底业务增长到 3 倍"。

作为白领阶层象征的金融机构也在推行自动化。在 60 个业务中，像文件制作这样的业务 65% 可由机器人替代。美国高盛集团公司（Goldman Sachs Group Inc）于 2000 年用股票买卖自动化系统替换了 600 名操盘手，现在操盘手只剩下几个人。著名投资家吉姆·罗杰斯断言："随着人工智能技术的进步证券经纪人等职业将消失。"

但另一方面像做决定、订计划这样的工作，还有需要发挥想象力的工作都是机器人不擅长的领域。像 CEO 等所处的管理层中

我的工作会被机器人夺走吗？

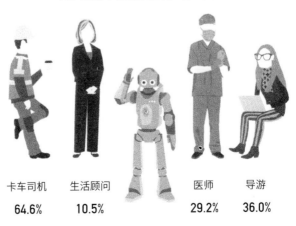

图：机器人可替代的业务工作比例图

卡车司机	生活顾问		医师	导游
64.6%	10.5%		29.2%	36.0%

有 63 个业务，机器人能做的最多占 22%，如制作业务进展表等。在演员、音乐家等艺术类职业的 65 个业务中仅有 17% 能实现自动化。

解决人手不足之策

从各国现有业务的自动化程度看，在主要人工智能研发国家中，日本毋庸置疑引入自动化的空间最大。根据麦肯锡的估算，各国可实现自动化的业务的比例日本最高，分别是日本 55%、美国 46%、欧洲 47%。甚至比以农业、制造业为主的中国（51%）、印度（52%）还高（农业、制造业需要大量的劳动力）。

日本在金融、保险、行政机关的办公室和制造业方面，适合机器人做的单纯业务（如资料搜集、整理）的比例比其他国家高。但是律师、行政机关办公室的业务自动化却落后于美国。用人工智能从堆积如山、数量庞大的资料中找出证据这项工作已经在美国的大型律师事务所飞速地推广开。日本不久也会实现。

如今，一部分工作岗位已经开始无人化了，而且自动化也确实存在着不利的一面。然而，日本预计 2050 年后劳动力人口将减少 40%，在这样的现实面前能让机器人做的事就让机器人做，毕竟要维持国力就必须要提高生产率。

事例

克服机器人威胁论
—— 全世界的生产率"每年增长 0.8% ~ 1.4%"，AI 的胜任能力受到质疑

虽然机器人将夺走人的工作，但引入机器人的企业也期待着能提高生产率。据麦肯锡分析，如果继续推进使用机器人，全世界的劳动生产率每年将增长 0.8% ~ 1.4%。克服机器人威胁论，让机器人物尽其用，将会提升国家、企业乃至个人的竞争力。

人又有了新的工作

超大型银行——澳新银行（ANZ Bank）印度分行实行的业务自动化获得了成功，增加了银行一天的合同处理量。自动抽取和自动改动顾客数据的业务，提高了工作效率。常务董事庞卡加布·斯利德比说："数据的最后确认等工作还是人在做，引用机器人其结果是人的工作也在增加。"

工业机器人制造商，德国工业巨头库卡（KUKA）在美国的法人董事长乔·捷马说："因机器人诞生了数据科学家等新的职

160

图：AI 的胜任能力受到质疑

全世界的生产率每年增长 0.8% ～ 1.4%

01 你的职业是什么?

请选择行业　　请选择职业

法务 ∨　▶　律师、法官、相关业者∨

能替代　　不能替代

21.7%

02 你担任什么职务　　　　　　　检测相应职务

☐ 查找相关法律资料，提供决策参考

☐ 主持法庭辩论

☐ 记录诉讼方的信息

33.3%
机器人
能替代

例如:

管理职务　▶　经理
能替代　　不能替代

22.2%

工业生产　▶　印刷工

83.0%

想了解你的工作，请用日经可视数据检索

资料来源：《日本经济新闻》2017 年 4 月 23 日晨报

业。"在一部分汽车制造厂已经新增加了"机器人管理员"这个职务，即监视机器人妥善处理生产、销售的数据。

企业之所以要引用机器人是为了提高业务效率和准确性。果断地将那些机器人擅长的工作，如单纯的重复性作业的工作全部改为自动化，把人都集中在富有创造性的净产值高的工作上。随着机器人的广泛应用，新的工作出现了。经过一段时间的调整，企业的生产率必将提高。

工资下调

2015年末在世界各地运转着的工业机器人有163万台，国际机器人联盟（IFR）预测到2019年末这个数字将上涨到269万台，在全球化的环境下，生产自动化的倾向越来越强。与此倾向成正比，以欧美为中心认为机器人是威胁人类正常工作的大麻烦的呼声也越来越高。2017年3月底，美国麻省理工学院的研究人员发表了一篇论文，文中提到"每1000个人中投入一台机器人的话，将会有五六个人失业"。同时还指出机器人还会导致工资下调。

特朗普政权上台后，美国的企业对劳资问题尤其敏感。美国国内正展开一场是贸易还是机器人夺走了美国人的工作的大讨论。为防止工作不稳定事态的蔓延，政府与企业的合作更显重要。不论任何国家要保持可持续发展就必须提高生产率，现在已经到了不可回避的时候，必须认真讨论与机器人共存共荣的问题。

访谈

"能全部复制大脑的活动"
——戴密斯·哈萨比斯（Demis Hassabis）

谷歌的阿尔法狗迎战世界顶级棋手，三战三胜

美国谷歌研发的智能围棋阿尔法狗以三战全胜的战绩击败世界最强的职业棋手，中国的柯洁九段（19岁）。研发阿尔法狗的是谷歌旗下的人工智能创业公司英国的 DeepMind。DeepMind 的 CEO 戴密斯·哈萨比斯在接受日本经济新闻的采访时，就人工智能研究的进展回答记者说："我们已经开始登正确的梯子了。"

我们已经开始登正确的梯子了

"这个梯子非常高，不知道有多少级。不过人工智能发展的历史就是在反复地上下错误的梯子。我们付出了很大的努力才好不容易登上'正确的梯子'。"

哈萨比斯所说的"正确的梯子"指的是"深度学习"，即近

几年备受关注的模拟人脑的信息处理方法。同时又是神经学家的哈萨比斯于 2010 年和朋友一起创建了 DeepMind，从此 DeepMind 在人工智能深度学习的研究领域一直走在世界的最前沿。通过将深度学习与另一个信息处理方法"强化学习"结合起来，大大提高了人工智能的自主学习能力。虽然从"解析智慧"这一点看，只不过才登上第一级台阶，但是通过智力游戏中最难的围棋却证明了自己的实力，而且对自己的实力坚信不疑。

哈萨比斯 1976 年生于伦敦，4 岁开始下国际象棋，11 岁成为国际象棋神童，13 岁时，ELO[1] 等级分为 2300 分，是有史以来 14 岁以下组别分数第二高的孩子。在国际大赛中被对手斥责下出烂棋的经历成为他踏入国际象棋以外的世界的契机。

自己的才能就这样白白浪费了吗？难道不能把这些睿智的优秀的人才聚集在一起为社会做出更大的贡献吗？之后他走上了研发人工智能之路。"这是上帝的旨意。"哈萨比斯说。"所有企业都在吹嘘说'在用人工智能'，但 90% 都不懂其中的意义，这只是他们的销售策略，人工智能走入了'泡沫期'。"哈萨比斯接着说。

---

1 ELO 值，是当今对弈水平的公认的权威方法。被广泛用于国际象棋、足球、篮球等运动，是一套非常完善的评分规则和机制。

阿尔法狗的胜利使得人们对人工智能的兴趣倍增，但不能陶醉于这次胜利中。人工智能曾在 20 世纪 70 年代和 90 年代遭遇两次"寒冬"，都是因为期望落空导致的，所以要调整期望值。"我们已经开始登上'正确的梯子'，第三次'寒冬'不会到来。"哈萨比斯预言道。

2014 年，由美国的电动汽车（EV）厂家特斯拉（Tesla）的 CEO 埃隆·马斯克（Elon Musk）等有实力的创业家和投资家出资创立的 DeepMind，为了"加速其研究"投入资金雄厚的谷歌旗下。当初谷歌斥资 5 亿美元收购的 DeepMind，如今已成为谷歌的人工智能开发的核心，对谷歌来说可谓是一本万利。埃里克·施密特（Eric Emerson Schmidt）董事长高度评价了哈萨比斯，说他是"现代英国的成功故事之一"。

DeepMind 有职员 500 人，其中研究人员占了一半。从人数上看是世界最大的研究深度学习的机构。哈萨比斯将解析智慧比作人类登上月球的挑战，称之为"AI 版阿波罗计划"。"大脑的活动错综复杂，但现阶段我们认为计算机并非不能复制大脑。"记忆、想象力、概念、语言……所有这些能力人工智能都能获得。我们的目标是能够完成各种课题的通用人工智能"Aritificial General Intelligence，简称 AGL"，而不是像阿尔法狗那样单纯用途的人工智能。虽然人们都很关注人机围棋赛的胜负，但人工智能永远都是人类最得力的"工具"。

正如哈勃望远镜帮助天文学家在地球上进行难度极高的高精度天体观测一样，在人工智能的帮助下，像气候变化带来的各种问题、疑难病症等都能迅速高效地解决。"这才是人和人工智能应有的合作方式。"哈萨比斯强调说。尽管人类已经设定目标限制范围，可自主学习的人工智能还是有失控的可能。人脑的活动可通过功能磁共振成像技术（fMRI）将其可视化，正在慢慢变成"虚拟大脑"的人工智能也需要这种装置，哈萨比斯说他打算10年内开发出防止人工智能做选择决断的过程"黑匣子化"。

访谈

AI 在不同领域的应用，与专家合作（DeepMind 的 CEO 哈萨比斯）

美国谷歌旗下的英国 DeepMind 公司的 CEO 哈萨比斯在接受记者采访时，就怎样将阿尔法狗的技术应用到其他领域、如何防止恶意使用人工智能等问题谈了自己的观点，谈话内容如下。

问：阿尔法狗是智能围棋，听说它的基础软件系统提高了人工智能的通用性。如果将阿尔法狗的基础软件系统应用于医疗等其他领域，要做多大的改动？

答：这次与柯洁九段对决的阿尔法狗比以前的版本更适合比赛，而且其算法更具通用性。要将其应用到新的领域当然要具备相关领域的知识，还必须明白该课题的重要部分和难点。

具体就是将各个领域中最优秀的专家、企业、学者聚在一起，鉴定我们的算法是否能运用于该课题，这个工作很重要。医疗领域（英国是公共医疗）是和国民保险（NHS）捆绑在一起的，能源领域也开始着手同样的研究了。

问：IT 大公司公开了很多有关人工智能的研究论文，很多工具下载后谁都可用，这有助于加速人工智能的研发和普及，但是被恶意使用的风险也很高，应该如何应对和解决这个问题呢？

答：这是一个相当重要的问题，也很难回答。我们公开研究论文，将"TensorFlow"等作为开放资源提供给消费者，是为了让尽可能多的人享受人工智能的便利。但是，人世间总是有坏人的，随着人工智能越来越完善，研究者们必须认真地思考如何应对那些不义之举。办法之一就是减少论文公开量，有限制地使用各种工具，但这样仍然存在问题。是一个难以解决的二律背反。

问：你认为在人工智能领域日本的竞争力如何？

答：人工智能特别是机器人在传统研究上日本是很强的。但是像深度学习这些新的研究动态，日本看起来有点措手不及。不过日本有最优秀的研究人员，一定能缩短差距的。

问：你小的时候被称为国际象棋神童，在创办 DeepMind 之前从事游戏开发并上市了很多热门游戏。你已决定退出阿尔法狗，那你自己对游戏的钟爱会变吗？

答：绝不会变。游戏是我最重要的一部分。国际象棋已经下到了很高的水平，有时我还亲自制作游戏。我也把游戏运用到人工智能的开发中。游戏也是磨炼内心的手段，是美丽的艺术，是一种乐趣。游戏永远是我生命的一部分。

问：如果 11 岁的戴密斯站在你的面前，40 岁的你想对他说什么？

答：那当然是"还要更加努力"（笑）。我对以前所做的很满意，但是我的工作还没有做完。

第 五 章

毋庸置疑的现实

1 机器人也要负法律责任
——培养机器人的伦理观

在新加坡南洋理工大学的研究室里随处可见铜点花金龟，它们
与一般的铜点花金龟不一样，身上安放了人工智能。这是该大
学的佐藤裕崇副教授等正在研究的由人控制的昆虫机器人。

昆虫植入机器人

埋在后背的电子线路刺激筋肉，使翅膀振动。这是无线操控的"昆
虫植入机器人"，是将躲避碰撞等昆虫的生理功能与人工智能结
合在一起。制作这种机器人的目的是发生灾难时能让它进入瓦砾
堆寻找遇难者，每天前来研究室参观的海外要人络绎不绝。在动
物实验中昆虫不受伦理观的制约，通过昆虫实验可能会延伸到人
或动物，诞生出包括人在内的控制动物的大脑和行为的新技术。

"我不认为因为是昆虫就没关系，首先要认识到这是有罪的，
和医疗研究一样是以牺牲生物为代价研究发生灾难时如何救
人。"佐藤副教授说。应该怎样让社会接受已开始动摇的人类
生命观的人工智能呢？全社会正从制度和法律层面展开讨论。

2017 年 2 月 16 日欧洲议会通过了"应该让人工智能也承担和人
类一样的责任"的议案。这个议案从法律上给予了机器人和无
人驾驶汽车"电子人"的地位，明确了灾难时应负的法律责任。
欧洲在讨论更具体的议案，如向机器人所有者征收机器人税；

要安装紧急时刻关闭机器人所有功能的开关等。

卢森堡议员玛蒂·德尔沃是倡导者之一。在公开表决前的讨论会上，"人类如何面对自律性不断提高的人工智能，我们不能只把难题交给科学家和工程师。"德尔沃议员说道。

监视高频交易

性能不断提升的人工智能也迫使构成资本主义基础的金融系统发生了变化。能对风云莫测的股票市场迅速做出反应的人工智能正被引入股票交易中。美国的文艺复兴科技公司（Renaissance Technologies）等使用 AI 运行的对冲基金大大加强了其在国际上的存在感。

以前无法想象的快速且大量的高频交易有时会撼动交易市场。而操纵市场之类的不正当行为其目的是想欺骗其他的投资家，对于没有设想到这一情况的法律来说，监管人工智能是异常困难的。本来，人类想追上人工智能的算法就是困难的事情。因此，作为市场监管人的证券交易委员会开始研究引入人工智能来监视交易。"只有借助人工智能来对抗这些与从前完全不同的问题。"金融厅的佐佐木清隆总审议官这样说。在"人工智能对抗人工智能"这个现实面前，人类必须重新建构长年积累的秩序和规则。

访谈

"AI间的对抗——将AI引入股票交易，也引入监督机制"（金融厅总审议佐佐木清隆）

股票交易可谓是雁过拔毛。有观点认为要想无时差地获取瞬息万变的信息并第一时间做出反应还是使用人工智能最有效。因此不能再通用以前的规则来监视人工智能。记者就人工智能时代对金融市场监管人的定位，采访了证券交易监察委员会的前事务局局长、金融厅总审议官佐佐木清隆。

问：现在，证券交易市场中越来越多地采用自动交易或由电脑售卖的高频交易（HFT）。

答：关于IT对股票交易市场产生的影响等，监视委员会也必须顺应时代做出相应改变。2017年1月，监视委员会发表了中期活动方针，也想在市场监视中引入监管科技（RegTech）。股票交易和IT业日渐融合，我们也被迫要顺应科技发展。既然早已开始自动交易，必然也应该由人工智能来监视。

问：人来监视已经不行了吗？

答：问题在于交易速度和交易模式的变化。一旦很多人都引入用同样的算法进行买卖的系统，瞬间会引发价格的大变动。另外，对于蓄意作假的"虚假申报"，高频地进行订单生成又即刻取消的操作，人是快不过人工智能的。监视委员会拥有多年积累的技术经验来检测内部交易和市场操纵的异常数值，但是因人工智能会采取和人类不一样的做法，所以以前的知识是不通用的。另一方面，把过去10多年的市场动向和当时的报道等庞大的数据交给人工智能进行分析的话，也许会找出人力监视不能发现的异常值。

问：也就是说监视委员会也会引入人工智能吗？

答：自从中期活动方针公开发布以来，我也询问了信息行业和检查法人的意见，他们也打算采用数字取证（digital forensics）等技术调查不法行为。我们也在探讨引入人工智能，但要想真正把人工智能引入监察委员会的系统，要从预算审批开始，从现在开始算起最快也要花费四五年时间。在这个过程中，市场早已走到前面去了。监视手段和市场发展之间的鸿沟将越来越大。

问：金融商品交易法等相关的法律也跟不上时代的需要了吧。

答：比如操纵市场，必须要有"动机"，法律才能认定其为违法。

然而，要认定人工智能的动机是非常难的。《金融商品交易法》是以人为前提制定的，并没有设想人工智能之间相互欺骗的行为。虽然也有人认为可以通过认定程序开发者的动机来判断，但这也很难实施吧。也有必要重新修改内部规定。现状是重要事实的 2 次、3 次领受者，不在基本规定的对象范围内。然而，规定是在信息传播慢，不能简单地复制、扩散的时代产生的，不适用于现在通过 SNS 瞬间传播信息的时代。

问：修改法律的进程如何呢？

答：在监视委员会内部也正在讨论制定与信息化、全球化相适应的制度，以填补现实和规则之间的漏洞。可是现代社会瞬息万变，用修改法律这个方式有其困难的一面。要修改法律，首先必须要有已经存在不适合的事实发生，然后必须国会通过，相当花时间。

问：那么，有什么解决对策呢？

答：用技术的手段解决因 IT 技术的发展带来的漏洞是最快的方法。实际上，引入人工智能的自动交易，对于监视方来说也是良机。因为所有的交易记录会有残留，很容易被捕捉到。现在大部分的智能手机里都有 GPS，汽车里都安装了导航系统。当然并不是受法律强制，是因为很方便所以安装。同样，在证券公司的股票交易系统中，若能装入便于当局监视的装置就太方便了。在向证券公司缴费的系统中安装这种装置的话，可以抑制犯罪。

问：就是所谓的监视社会吧。

答：确实，但必须要有动机。因为成本很高，使用者可能也会敬而远之。证监会是为了建设守法、公正的市场而设立的，如果没有被认可的监视系统，也无法履行它的权利和义务。而且仅日本一个国家采用此技术毫无意义。（和逃税一样）哪个国家系统不完善，不良交易就有可能蜂拥而至。为了实现全世界同步，在今年的国际证监会组织（IOSCO，本部在西班牙马德里）召开的大会上，金融厅发出了呼吁。该组织也决定商议今后政府当局如何与证券公司等民间企业合作制定监视技术的标准。日本如果能够引领国际舆论，这对日本的证券公司和 IT 企业都有利。（记者、编委委员：濑川奈都子）

事例

完整地抓起土豆片
——AI 再现神来之手

让人工智能学习全世界的工匠的技能再现"神之手"。"神之手"是庆应大学新川崎校区正在研究的项目。理工系系统设计专业的大西公平教授等人研发的尖端技术——力触觉技术（haptics）将人类与机器人共存的目标又拉近了一步。抓起一片薯片送到嘴里，看起来是个毫不起眼的动作，但人之所以能够拿起食物，完好无损地将它们送进嘴里，是因为在拿到东西的瞬间就能通过指尖感受到物品的强度和柔软性，以此来调节握住物品的力度。手在触到物品的一瞬间将感触转变为信号，以通信的方式发出去，即使在距离较远的地方也能接收到信号，这就是力触觉技术。

应用领域中最受期待的技术之一就是手术机器人。虽然现在也有根据图像信息，操纵手臂的手术机器人，但因为没有力反馈，很难调整力度强弱。研究室早已和多所大学医院开始了联合研究。2002 年在联合研究的东海大学医学部结束了手术机器人的动物试验，现在正用犬类做力触觉钳子的功能评价，积累不伤害脏器的力度的数据进行分析。消化系统外科主任小泽壮治以 10 年后的实际应用为目标，期望能够提高在治疗最弱的脏器时的安全性。

大西教授等人和其他的医院也有合作，为了实现手术自动化，他开始让人工智能记住专业领域、脏器部位、每场手术中资深医生的动作手法。目前大约收集了 20 名医生的动作手法的数据。然而"要临床应用的话，还需要 1 万人的数据信息。因为手术现场很忙碌，很难得到医生的配合，这是数据收集时最烦恼的事情。"（大西教授）

大西教授的研究目标是再现"神之手"。为了提高肝脏移植时的稳定性，要用蜘蛛丝般细的线把成千上万的毛细血管系连起来，这需要高超的技术和超强的耐心。把资深医生的熟练技术传授给人工智能的话，也许谁都可以接受显微外科手术。此外，还可以加工数据，提升人工智能的速度。从理论上来说，人工智能有可能超过人的能力。

而现在已经被临床应用，却没有使用力触觉技术的手术机器人，因手术失败，在美国遭到了集团诉讼。正因为关乎人的生命，实现临床应用才显得步履艰难。"预计人工智能 10 年后能做普通的手术，20 年后能做微创外科手术。"大西教授谨慎地说。这种触觉不仅在研究室，也能传播到很远的地方。相距 5000 公里的新加坡国立大学研究室和川崎研究室通过网络成功试验了用钢钻削猪颌骨。据说可以应用到种植牙手术当中。

该技术也被应用于医疗领域之外的污染土壤修复项目。为了去除土壤中的铯元素，远程实施高温炉的清扫作业。人工智能帮助人类将自己的力量传送得更远，可以在远距离的安全的地方用一根小拇指操控插入炉内的清扫棒，清除附着在炉内的垃圾。"也可用于高温、真空等危险环境下的体力劳动。"（大西教授）大西教授进一步介绍说可以把模仿近似于人的反应、动作的人工智能当作开发人的小脑。数据学习完毕后，人工智能不用进行云计算，因为就放在距离目标较近的地方，所以可以根据情形瞬间做出反应。不仅可应用于手术，在工厂等所有场合都可以应用，这是一项与人类共存且毫无违和感的机器人技术，在万事万物都可以用互联网连接的 IOT（Internet of Things）时代发挥优势。

在老龄化的进程日趋加快的今天，人们期待着机器人能够代替在家庭、职场等各种场合中所需的劳动力。为了实现这一期待，人们必须从心理上接受这样的工作环境。"除了拥有明确事故责任的完善的法律之外，机器人本身没有违和感、能够模仿安全的动作也很重要。力触觉技术是人与机器人共存的技术支撑。"大西教授坚定地说道。（本书编委：濑川奈都子）

2 "宝贝"就在我们身边，处于休眠状态
——能活用这些数据吗？

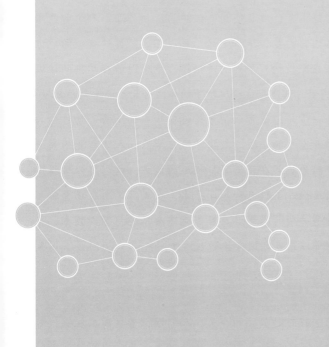

"大家都盼着你回来。"中国重庆市的付光发时隔 27 年再见到儿子时流下了眼泪。其儿子阿贵 6 岁时被拐卖，从此杳无音信。

时隔 27 年的重逢

据统计，中国每年有将近 7 万儿童被拐卖，人口买卖已经成为严重的社会问题。实现付先生一家亲人团聚的是中国最大的从事引擎搜索服务的互联网公司百度的人工智能，通过分析被录入寻亲网站的 6 万多张照片，判断亲子关系。33 岁的阿贵与 6 岁时的容貌不一样。百度让人工智能读取中国政府所拥有的 200 万人的 2 亿张图片，学习人脸是如何随着年龄变化而变化。人工智能学习的数据越多越精确。拥有超过 13 亿人口数据的中国、握有 10 亿人的个人信息的美国谷歌和美国亚马逊（AMZN）是此项人工智能开发的先锋。

数据的垄断加强了服务与商品的垄断，进而进入了更进一步的垄断，成为数码资本主义的新竞争筹码。滞后于垄断化的日本会不会反扑呢？所谓垄断，是用不同的方法创造出新价值的行为。

日本看护信息中的价值

"看护是世界性的社会问题。如果使用日本的数据能够更早地解决这一问题。"研究人工智能的国际权威，美国斯坦福大学人工智能研究所的李飞飞所长对日本的"本地数据"给予了高度的评价。日本的看护保险制度根据能否自己行走等74种项目认定是否需要护理。600万老年人的身体信息就连美国和中国这样的信息巨人也无法得到。该研究所和日本看护业大公司Saint-care Holding Corporation 联合成立人工智能创业公司，从事预测将来是否需要看护的服务。该创业公司有可能是世界看护对策的雏形，从中国和中东而来的出资申请源源不断。

"这个公司肯定会发生什么事。"2016年4月，位于德国波恩（Bonn）郊外的特罗伊斯多夫（Troisdorf）市的物流大公司DHL的技术人员察觉到了某个海运公司将会有异常情况发生。4个月之后，韩国的韩进海运破产，世界的供应服务链发送了大混乱。DHL公司用人工智能分析全世界3000万以上的公开信息和交流网站。该公司集中了与供应链相关的配送延迟、劳资纠纷等数据，用以开发向顾客发出危险警告的服务项目，在数据分析时察觉到了韩国海运的异变。东京大学信息理工学研究科的山崎俊彦副教授说道："数据能不能成为一座宝山，关键要看具体的需求和使用目的。"解决社会问题的数据就遍布在当地。数据也分中央集权型和分权型，种类开始变得丰富多彩起来。

事例

沉睡的宝山
——尝试利用堆积如山的休眠数据解决社会问题

对人工智能来说学习的数据越多越精确。如今在人工智能界，掀起了开发休眠数据的"淘金热"。其实并非所有的宝山都被深埋在地底。社交网（Social Networking Services，SNS）中的公开信息根据使用目的不同也能变成宝藏。

"可能是流感""总感觉头很痛"。奈良先端科学技术大学院大学（Nara Institute of Science and Technology，位于奈良县生驹市）的荒牧英治副教授等人收集了多达数百万条的推特上的留言，并使用人工智能对其进行解析，致力于流感等传染病、花粉症的高峰期即传播路径等的预测。

只靠留言数据，我们并不清楚他们只是单纯地在聊流感话题，还是其本人或家人患了流感。因此，荒牧英治副教授等人也对"碎碎念"的文脉进行了分析。按患病可能性从高到低依次用红、黄、蓝色区分开建立了分流系统。"这样就能够掌握真实情况了，精准度接近100%。"荒牧英治副教授说道。从出现症状到去医院有一段时间间隔。对"碎碎念"的解析发现，比起以医院数据作为基础的国家的调查，可以提前 2 周发现流感开始流行。准确掌握实际情况所不可欠缺的就是当地的源信息。"如果能得到详细的各地区的信息，就能知道感染、传播的路径，防止灾害扩大（荒牧英治副教授）"。今秋，奈良先端科学技术大学院大学将和信息检索的大公司联手，导入各个地域的检索数据，将来还将把视线投向国外。随着智能手机的普及，将这项研究引入医疗机构严重不足的非洲，将有利于及时应对霍乱和登革热等棘手病症。

荒牧英治副教授在研究预测传染病和花粉症的同时也在开发诊断阿尔茨海默病的系统。这是一个通过用人工智能分析会话能力受阻的情况来解读阿尔茨海默病征兆的系统，于今年内开始面向平板终端服务。日本的阿尔茨海默病患者人数在 2012 年的节点达到了 462 万人，加上被预测为"轻度认知障碍"的 400 万人，占据了老年人口的四分之一。据估算，到 2025 年患病人数将达到近 700 万人，已经成为严重的社会问题。在日本人力资源巨头瑞可利集团（Recruit Holdings）旗下成立了人工智能研究所的石山洸是 2017 年 4 月转入护理界的。作为由静冈大学发起的创业公司——Degital Sensation 公司的首席运营官（COO），他正努力从事于开发用人工智能护理慢性脑部综合征患者的技术。

石山说道："使用人工智能可以把依赖于经验的护理技巧可视化。人人都须照顾慢性脑部综合征患者的时代即将来临，希望人工智能能为解决重大的社会问题发挥作用，于是我决定转行。""大数据将是下一个自然资源。"［美国 IBM 的 CEO 罗睿兰（Ginni Rometty）］以 19 世纪的淘金热为契机，开始了对未开发地的探索。集中智慧开发被埋没的数据，会成为解决社会问题的突破口。

3 伊朗的女性时代
——颠覆传统观念的 AI 业界

"经济制裁的影响？半导体价格高涨。"在伊朗首都德黑兰的谢里夫理工大学（Sharif University of Techno）做人工智能研究的卡西教授异常平静。2009 年，一位两个儿子的母亲成为伊朗计算机理工科领域第一位女教授。伊朗是伊斯兰国家，女性外出时穿着受到各种限制，虽然在伊朗的各学会至今也是以男性为中心，但在人工智能领域正发生着逆转。

借助经济制裁登上舞台

2016 年，伊朗政府制定了摆脱资源依存型经济，实现 8% 的经济增长的目标。虽然伊朗的经济支柱之一是人工智能产业，但因为经济制裁的影响，很难引进国外的人才。于是国内的女性在人工智能界崭露头角。

在伊朗理工科的最高学府谢里夫理工大学的计算机工科系，获得博士学位的学生中 34% 是女性，比所有的系的平均值高出 7%。"最优秀的女性都集中到了计算机工科系。"（卡西教授）人工智能从人类手中夺走了简单操作的工作。另一方面，也产生了新型雇佣，促进了新型人才的发展。以培育技术人才为目标的新蒙古高等专科学校（Mongolkosen）的布莱德校长坚定地说："造物是赶不上了，但我们想好好地把握 AI 革命。"注重数学教育的蒙古倾全国之力培养人工智能人才。这所专门学校与致力于人工智能软件开发的 Data-artist 公司（东京涩谷）的山本觉社长合作，开始了在 2020 年以前培养 800 名人工智能技术人员的项目。同时还提出了将学生人数扩大到 2000 人，并成立大学的构想。

培养人工智能人才不需要特别的设备，只要有专门的程序就足够。门槛很低，谁都能成为"老师"。很多国家和地区都以挑战美国硅谷为目标，日本怎样呢？据经济产业省推测到 2020 年人工智能等尖端的 IT 人才空缺 4.8 万人。然而在新时代，多才多艺的"个人"开始闪亮登场。

怪才

使用人工智能能提升我们的服务吗？在东京的某大企业的会议室，一位青年被一群年龄和他父亲差不多的年纪的职员包围着。这人就是还带着孩子气的 24 岁的今林宏树。今林在学生时代自学掌握了机器学习的技能，并在硅谷磨炼过。"国外的东西并不一定都是好的"，在本着这一信念建立的咨询公司里来自大型企业的业务源源不断。像今林这样的自由职业者被叫作"AI 怪才"。这些怪才大多是 20 来岁，他们的订单额一个月达数百万日元。因为一个月要承包多件业务，用年换算订单额大约能达到 1 亿日元。

性别，国家，时代。人工智能的发展颠覆了人们传统的职业观念。

事例

孤岛上也有机动部队，AI 改变了急救医疗业
——埃森哲咨询公司（Accenture）的项目

埃森哲咨询公司用人工智能挽救人生命，同时也在改革工作方法。佐贺县的急救车运送的患者因被医院拒绝接受而在这家医院那家医院之间跑来跑去，为了避免这种情况的发生，埃森哲咨询公司展开了机器学习项目的研究。此项目的特别之处是项目的机动部队分散在福岛市的会津若松市、美国的西雅图，还有东京的八丈岛。能实现这样的合作也是得益于人工智能。虽说人工智能夺走了人的工作，但是它也改变了人类的工作方法，迎来了更多新的工作机会。

位于八丈岛的埃森哲总部的板野爱总经理向在美国西雅图的数据专家肖恩·奥科纳寻求帮助。鉴于 2014 年佐贺县的案件，她提出在行政服务中引入人工智能并制定相应政策、是否有利于提高实际业务的效率等议案，并发起讨论。其中之一就是减少"医疗难民"的构想。她在网络上把佐贺市的职员与会津若松市和西雅图连接起来，实现意见和数据的共享，来完成这个能挽救人生命的伟大项目。

项目的使命是先将已有的急救人员、医院和急救现场之间互动的庞大的数据可视化，然后由人工智能进行运算，在最短的时间内将患者运送到医疗机构。最终能减少 40％ 的"医疗难民"，运送时间也能平均缩短 1.3 分钟。"这和销售额上升 7％ 是不一样的，如果能挽救 7％ 的人的生命，那么 100 个人中将有 7 个人获救，没有比这更值得尊敬的事业了。" 美国西雅图派来指挥的工藤卓哉董事说。

"在人力资源有限的世界，怎样提高工作效率是胜负的关键，人工智能能够做到，这就是机器学习。""实验地点分散绝不是项目的弊端，如果能活用时间差，有效传递数据，项目有可能'不眠不休'地一直做下去。"工藤卓哉董事对这个伟大的项目做了总结。八丈岛的板野爱总经理结婚后搬到了八丈岛。"要不是佐贺县的'医疗难民'事件，我都打算辞职回家。"她说。正因为人工智能进入了职场，才实现了远程工作。由于即将临产，板野爱也将休假照顾孩子。"但是我一定会复职的。"从自然资源丰富的孤岛开始去挑战改变全世界价值观的项目。

"谣传人工智能、机器将夺去人的工作岗位，其实不是这样的。没有人就没有正确的数据。"2017 年 6 月，工藤董事在埃森哲公司的南佩德（Pierre Nanterme）董事长兼 CEO 等董事会成员面前介绍了佐贺县的项目，有的董事会成员为这个"挽救生命"

的项目不禁流下热泪。这是世界上最光辉的事业。

"这表示日本制造的人工智能能够在世界范围内角逐胜负了。"
（工藤卓哉董事）业界早有定论说在人工智能领域日本只是步
人后尘。但是这个项目告诉我们只要意志坚定，牢记自己的使命，
充分运用好人工智能，仍有很大的空间让我们转败为胜。

事例

撑起伊朗 AI 行业的后起之秀们

——不为人所知的理科大国

伊朗是制度严格的伊斯兰教国家，经济以资源依存型为主。人工智能可能会彻底改变这个国家。在穿着等方面受到众多制约的伊朗女性主导着人工智能的研究，成立了众多 AI 风投企业。伊朗也是一个理科大国，拥有众多数学和物理方面的优秀人才。记者采访了这些后起之秀——把握伊朗脉动的人工智能行业的主力军们。

2016 年 7 月，在德国莱比锡的世界机器人大赛上，举办了机器人世界杯足球赛，赛场上欢呼声不断。这是足球场上的机器人、人工智能技术的大比拼。在小型组的决赛中，人工智能研究处于世界领先地位、冠军呼声最高的美国卡耐基·梅隆大学（Carnegie Mellon University）败北，而更加令人吃惊的是打败卡耐基·梅隆大学的是伊朗的伊斯兰自由大学卡斯滨分校。

活跃在伊朗的妇女们

与伊拉克的军事冲突，长期持续的经济制裁，仍在持续的与美国、阿拉伯国家的对立。

自 1979 年的伊朗伊斯兰革命之后，一提到伊朗人们脑海里浮现的可能就是不稳定的政治、经济形势。然而，一旦把目光转向伊朗国内，便会发现伊朗的教育水平很高，特别是针对 IT 和 AI 领域"因不需要昂贵的设备反而兴盛起来"（来自伊朗的日本留学生）。在机器人世界杯上奋勇拼搏的表现也证明了这一点。

虽然伊朗具有人工智能时代崛起的潜力，但担任研究和相关产业的一把手却是女性。"只要有计算机和大脑，就可以进行人工智能研究。不需要去石油勘探现场，可以在家一边照顾孩子一边工作。"伊朗理工科的最高学府谢里夫理工大学的卡西教授这样说道。这位伊朗计算机工科领域第一位女教授还说："在人工智能研究领域，女性和男性可以在同等条件下竞争。"

据联合国教科文组织（UNESCO）的数据显示，2015 年伊朗的大学入学率为 71%，高出日本，光女性就达到了 67%。卡西教授指出："女性开发出的人工智能中有男性没有的特点。"男性倾向于试图通过编程一举解决课题，喜欢挑战难题，女性更倾向于脚踏实地地解决实际问题。德黑兰的一位英语女教师莎贝斯塔丽加入了机器人世界杯队。"因为女性比较注意细节，所以我在队内担任最终的程序检验工作。"她这样说道。卡西教授在 3D 全息影像等人工智能图像处理研究方面崭露头角，但她说："在人工智能研究领域，男性和女性都不可缺，大家应该携手共进。"如果有了男女合作的基础，伊朗的潜力可能会比其他国家更大。

伊朗的"开成"

伊朗有 8000 万人口。30～35 岁年龄层人数最多，是最年轻的国家。为了了解伊朗年轻人的现状，记者采访了一所最具代表性的升学率最高的高中——原子能高中。这是一所位于德黑兰的男子高中，在伊朗相当于日本的开成高中。每年有来自全国的 4000 名考生，还设置面试环节，最终只录取不到 100 名学生。每年肯定会从该校中选出很多的学生代表伊朗参加数学和物理奥林匹克竞赛，3 年间共获得了 200 枚奖牌。毕业后很多人进入了谢里夫理工大学及医学部，甚至还有学生在毕业的那年去国外开设创投公司。

"在老师和父母形影不离的悉心引导下，尽快找到适合自己的方向。"沙巴吉校长简明扼要地阐述了该校的教育方针。学生们从 15 岁开始要学习 4 年，一年级下学期的暑假，学校要举办说明会和考试帮助学生明确自己适合学什么。因为学校有规定在数学或物理奥林匹克竞赛中摘取金牌者可以直接升入大学，所以很多学生都把精力集中在数学和物理上。嘎木齐因为喜欢机器人和编程，他选择了相应的课外活动小组。2016 年，嘎木齐作为伊朗的高中生代表参加了机器人世界杯。他在班上成绩一直名列前茅。"高考前除上课外每天要学习 10 ~ 12 小时。"嘎木齐说。"如果说机器人世界杯上伊朗战绩良好，那是因为大家都很努力地学习，没有付出就没有收获。"他用流利的英语说道。

原子能高中有 300 多名学生，配有 70 名教师。"从经济利益考虑配 20 名教师就可以了，但我们没有这么做。"沙巴吉校长说。老师们从升学到学习方法从方方面面给予学生热诚而细心的指导。该校还有一个传统，就是考进谢里夫理工大学的学长们要一边兼顾自己的学业一边帮助学弟们。霍达巴克西是这些学长中的一员，也是伊朗的机器人世界杯高中组的协调员，他说："伊朗的高考竞争残酷，所以高中生的物理和数学水平非常高。"谢里夫理工大学的新生很多入学时就已经掌握了大学二年级的物理、数学知识。

国家支持创投企业

伊朗正在推进支柱产业的转型，即从资源依存型向知识产业型转变。从 20 世纪中期开始，伴随着税收优惠，支援企业筹措资金、免除兵役等措施的出台，伊朗政府正式将支持企业的发展纳入日程。以 IT 和生物技术的创投企业为中心，将大约有 2900 家企业纳入支援对象。谢里夫理工大学为了将研究成果产业化，于 2014 年成立了专门机构支援该大学创立的创投企业，帮助筹措制作样品所需的资金、提供专利申请时的一应服务。此外，还建设孵化园，到目前为止已孵化了 150 家企业，现在还有 40 家企业正在孵化中。总之，建立了一套服务于实用型研究的体制。谢里夫理工大学计算机工学系副教授侯赛因·沙买缇自己创立了一家名为"演说、技术、解决方案"的创投公司，经营语言识别人工智能——能够分辨包括波斯语在内的有各种细微差别的语言。"目前已有 2000 家客户了，早已不是风投企业了。"教员自己通过尊重应用科学、投身应用科学来支持产业结构的转型。

平时的生活

"我喜欢（美国的摇滚乐队）林肯公园（Linkin Park）。""日本动漫的话我喜欢看鸣人。"记者在采访原子能高中的学生有什么兴趣爱好，节假日怎样过时得到了这样的回答。在努力学习的同时，也会关心世界各地年轻人的动态。许多学生也专心练习跆拳道、足球之类的体育运动。

"伊朗国内丰胸手术达到一年 2 万件。比 10 年前增长了 5 倍。"

德黑兰一家销售丰胸手术用硅胶的公司的总经理马斯露露如是说。相对于受诸多制约的伊朗妇女，这个数字的确令人意外，但是她们都觉得"只要不损害健康做丰胸手术也是可以接受的"。营业部的部长玛丽·盖特说即使在公共场所遮挡身体曲线，女性也可以在私人的聚会上尽情地穿裙子。"你问聚会都是女性吗？不，如果不是和男生一起，那太没意思了。"玛丽·盖特笑着说。

"在德黑兰，男女见面有一半情况是相亲，剩下的就是在职场或者大学。周末（星期五）的话打网球、看电影的会比较多吧。"一位住在德黑兰的二十几岁的女子说。虽然黑纱遮面长袍遮身，但包和首饰看起来和东京女性所佩戴的并无两样。"与其说是政府要求的，不如说是因为家人想让我们戴面纱我们才戴的。"女孩说。

"学校有外国研究者来到德黑兰，当他们看到这里和自己的国家没什么两样，都非常惊讶。"谢里夫理工大学的卡西教授说。因为国际政治的风云变幻，伊朗国内也面临很多问题，存在着很多不稳定因素，所以学校里留学生很少。不过，这儿大多数是年轻人，学校里充满了自由的空气。"所以，希望大家能了解现实的伊朗。"卡西教授说道。现在她正和自己学生创立的创投公司一起，进行让人工智能识别手的动作进而操作汽车和家电的研究。此项研究的目的是为视觉和听觉上有障碍的人开发一款先进的系统。随着人工智能竞争的激化，全世界到处都是对"金牌"虎视眈眈的伏兵。

有女性参与，有活跃的年轻人，有充满活力的创投企业。日本是否具备了与全力以赴的对手抗衡的实力呢？"日本的技术很先进，但是，我们仍然要一决胜负。我们不会输。"与日本相比身处于严峻形势下的伊朗年轻人的眼睛里闪烁着光芒。

事例

背后存在的待遇问题
——AI 人才匮乏的日本

人们向人工智能研究人员、技术员投以热切的眼光。现在日本也有被称作"AI 怪才"的优秀的人工智能人才。然而，当问到全日本能否确保拥有充足的研发人工智能的人才时，恐怕要打一个问号。2016 年经济产业省公布了《关于 IT 人才的最新动向和未来预测的调查结果》的报告书，结果显示前景不容乐观。在调查报告中把大数据、IOT、人工智能等广受关注的从事技术开发工作的人们定位为"尖端 IT 人才"，也估算了这些年人才到底还有多少不足。据此结果合计 IT 企业和用户企业，以 2016 年为时间节点，不足数大约 1.5 万人。这个数据到 2020 年会扩大到 4.8 万人。随着人工智能等技术市场的扩大，"尖端 IT 人才"供不应求。

由于以前遗留的问题，日本 IT 关联产业的人口 2019 年到达最高峰后有可能朝着减少的趋势发展。这是因为新入职该产业的人数低于退休人数。随着老龄化的加剧，进入 21 世纪就职该产业的平均年龄将达到 40 岁。听到"IT 业界"，人们通常想到的是办公室都在东京六本木，是年轻有朝气的企业，但从现在开始，

图："尖端 IT 人才"短缺的数量在增加

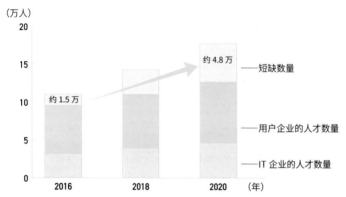

（万人）

注：此图根据经济产业省的报告书制作

从事这个行业的人整体在快速变老。IT 行业人才短缺的话题不是从现在才开始的，但内容却在变。传统的 IT 行业大多运用于人事和财会系统，目的是提高工作效率，偏向于"防御"，今后会更多地运用于大数据和人工智能，期待提高销售额和利润，偏向于"进攻"。普遍认为 AI 和 IOT 将带来"第四次工业革命"，当下的日本确实令人担忧。受经济产业省的委托实施上述调查的瑞穗信息研究所的河野浩二站在探讨解决方案的角度，指出"思考为什么会出现人才短缺很重要"。

待遇问题是隐藏在背后的原因之一。在报告书中介绍了对包含日本在内的 8 个国家的 IT 工程师所做的调查问卷的对比结果。对工资、报酬"感到满意"的回答：美国为 57.4%，印度为 55.8%，而日本仅有 7.6%。这个数字不仅低于占百分之三十几的印度尼西亚、越南、泰国，甚至比中国（16%）和韩国（13.2%）还要低。在美国，IT 产业的平均年收入是所有产业的平均年收入的 2 倍以上，而日本却没有如此悬殊——"对工资的满意度很低"。当然，难以将雇佣制度大相径庭的日本和美国进行单方面的比较，在报告书中指出："提高产业的魅力很重要。"另外，在提高人才的流动性、个人技术和能力等系列问题上日本也劣于国外。在这个技术以迅猛之势发展的时代，如何灵活地应对变化，如何合理分配有限的人才是一个难题。在报告书中也提到了有必要调动资深的前辈、女性和外国人，让他们大显身手。

这不仅是 IT 产业的问题，河野认为"用户企业是否能充分使用 IT 也至关重要"。无人驾驶汽车就是一个典型的例子，除 IT 企业之外其他企业也越来越重视研发人工智能技术。在制造业和服务行业也需要会使用人工智能的人。考虑到人口减少和严峻的国家财政形势，革新在经济成长中发挥着越来越大的作用。虽然人手不足是每个企业共通的问题，但河野认为因为"IT 业涉及广大的企业，带来广泛的影响"，所以全日本都必须重视 IT 人才的培养，确保人才充足。报告书永远只是立足于现实，能对未来有一点点改变吗？我们需要企业、政府、研究机构突破壁垒精诚合作。

4 耗电是 1.2 万人的用电量
——能克服这个弱点吗？

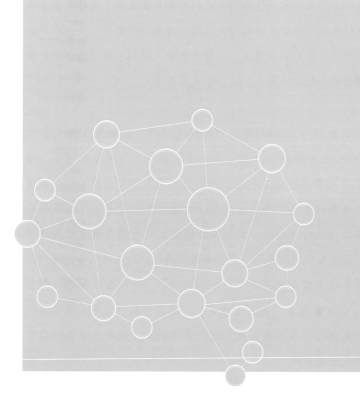

"太完美了。"2017 年 5 月 27 日，三连败于美国谷歌阿尔法狗的中国棋手柯洁九段这样说道。但是完美展示了自己绝对实力的人工智能也有弱点——耗能巨大。人脑在思考时消费的能量是 21 瓦特，而阿尔法狗则需消费 25 万瓦特，相当于 1.2 万人的用电量。"需要耗电少的半导体。"丰田汽车的人工智能研究分公司丰田研究所（Toyota Research Institute，TRI）的 CEO 普拉特这样指出。传统的半导体为了维持高速自动运转，需消耗大量用电，其用电量轻而易举地就超过了民用电量。必须要改变传统的技术理念，实施全新的技术革新。

需要大量计算

人工智能技术提升得越快、越普及就越需要大量的计算，耗电也越巨大。耗电问题可能会成为永远无法触及的海市蜃楼。关于人工智能的研究自开始至今已有 60 多年，"今后，人工智能将用于真实的严肃的领域"［IGPI（益基谱管理咨询有限公司）的 CEO 富山何彦］。这样的话，像耗电这个现实问题就摆在了我们面前。

2016 年秋，韩国仁川市嘉泉医科大学吉医院引入了人工智能用于诊断肺癌。引用美国 IBM 的沃森（Watson）技术平台，从论文和治疗数据中推算出最佳治疗方法。在医生严重不足的韩国，特别是地方上都对沃森技术平台抱有极大的期待，但高昂的治疗费却阻碍了沃森的推广。据说引入沃森的医院每年最少要向美国的 IBM 支付 10 亿韩元（约 1 亿日元）的云使用费。韩国的医生的年均收入为 1 亿 6500 万韩元，10 亿韩元相当于 6 名医生的收入。就连美国的 IBM 也说"没有比沃森从韩国的大医院获得利益更多的了"。

数据不纯

大数据让人工智能更精确，但是搜集大数据也存在着"实际的障碍"。"看来我们似乎是在用狼人的基因做诊断"——在经济产业省主持召开的遗传基因检查商业化研讨会上，商务服务政策总调查员江崎祯英不敢相信自己的耳朵。这是因为源源不断地有顾客将爱犬的细胞送到做人类遗传病风险分析的工作人员那里。现在虽然我们也常叮嘱顾客"禁止提供宠物的细胞"，但仍有因混入不纯的数据导致人工智能的预测精准度下降。这是一个为获取支持率而极化虚构、弱化真相的"后真相"（Post-truth）时代。在美国总统大选时就不断地发布有利于唐纳德·特朗普的虚构消息。如果发生蓄意将不纯的数据混入大数据中进行电子攻击，人工智能将生存无术。并非有了人工智能未来就一片坦途。能否攻克难关，使人工智能稳稳地扎根于人类社会？成败在于人。

事例

"沃森（Watson）医生"是万能的吗？
——韩国的 AI 医疗业

"Ask Watson"（问沃森）——医生一点显示屏上的这个窗口，男患者不由得探出身。画面上显示的是从几年前到现在的详细治疗和用药方案。医生只说了一句话："根据沃森的数据，这是你的最佳治疗方案。"

2016 年秋，在韩国首尔郊外的仁川，嘉泉医科大学吉医院引入了美国 IBM 的"沃森"，这在国内是首例。沃森的诊断对象是乳腺癌、肺癌等 8 种癌症患者。2016 年 12 月在吉医院的一楼设立了"AI 癌症诊断中心"。大约半年的时间已经有约 400 人接受了"沃森医生"的诊断。诊断时先输入患者性别、过去是否接受过手术治疗等 20 ~ 30 条信息，然后点击"Ask Watson"，于是沃森根据搜集到的全世界的论文和治疗数据，给出多种治疗方案、用药的具体信息，按优先顺序显示在屏幕上。沃森的强项是能够迅速地告诉医生最新的研究成果。

在吉医院，沃森按优先顺序给出的治疗方案只是一种借鉴，最终治疗方案还是由医生决定。"患者的满意度很高,现在沃森在我们医院是必不可缺的了。"嘉泉医科大学的李彦教授激动地说。2016 年 3 月,韩国的一位被称作"世界最强棋手"的围棋棋手败给了阿尔法狗,于是韩国人对人工智能的认识以及兴趣和关注度都提高了。李教授笑着说道:"很多患者不听医生的诊断,要听沃森的。"尽管韩国人如此热衷于沃森,但围绕医院引入沃森的问题并不只是一片赞成的声音。"把国民的医疗数据发送给国外?这太奇怪了。"吉医院在决定引入沃森时,接二连三地收到了来自非政府组织和民间团体的指责。沃森是云服务,服务器不在韩国。即使医院声明"签订了严密的信息管理合同",可怀疑之声仍然不绝于耳。

由于"人种差异"导致精准度不稳定这一问题也受到了重视。数字医疗(digital health care)研究所的崔允燮博士指出:"沃森没有考虑到亚洲人的特征。"原本就是以欧洲人为对象研发的人工智能,有时会推荐不适合韩国人的治疗方案和超出医保范围的药品。吉医院也承认存在这个问题,所以采取了可选择第二个选择项的对策。"我们采取的是沃森和医生双重诊断法,所以不会误诊。"(吉医院)这样,万一患者选择了沃森推荐的治疗后身体有任何不适,责任永远在医生一方。

费用也是令人头疼的问题。沃森并没有明确的使用费,根据当

地报道，一年大概需支付 10 亿～ 30 亿韩元（1 亿～ 3 亿日元）
给 IBM。按韩国医生的年均收入单使用费就是 6 人一年的收入。
怎样看待这个数字各个医院各持己见。医护人员充足的首都
的大医院认为"没有必要支出这么昂贵的费用"，然而在医护
人员不足的地方医院却深受欢迎。吉医院的李教授也强调说这
也关系到"医疗质量的平等"。因为这样的话即使没有"介绍
信"也可以得到和首都的大医院一样水平的治疗。患者通常优
先采纳资深医生的诊断意见，学习过最新治疗技术的年轻医生
的意见却根本无人听，在这样的状况下患者更是对沃森抱以厚
望。现在，以吉医院为首，釜山、大邱等 5 家医院也引入了沃
森。李教授直接与 IBM 的总部取得联系，为沃森首次进入韩国
而奔波着。李教授语气坚定地说道："我知道有很多议论，但
是为了下一代的医疗事业必须引入沃森。""如果没有人开先例，
后代们就不能使用这些宝贵的医疗数据。"

技术的可信度、相应的法律和规则、接收方的情感世界——人
工智能开始在现实社会中被广泛运用，同时也暴露出了很多问题。
特别是在医疗那样关乎人命的领域，必须克服的问题一定很多。
换作患者的角度，你能痛快地接受沃森医生推荐的治疗方案吗？
不久的将来日本也将掀起一场是否同意引入沃森的讨论。

访谈

"AI 的应用、日本企业在现实社会中的胜负角逐"

现在随处可见人工智能这个词，实际成功地将人工智能的应用转化为商品的却微乎其微。记者就人工智能给经营带来的影响以及日本企业应该着手解决的课题，采访了 IGPI 的 CEO 富川和彦。

问：现在正掀起一股"人工智能热"，但是能够将人工智能与实际收益联系起来的企业似乎仍然很少。

答：人工智能开始在网络中运作的阶段，对商业的冲击并不大。只是或多或少有利于传统的服务业，人们没觉得自己花钱了。一旦开发出新的算法就会依次一一公开，而且对社会开放。借此衍生出了很多服务，但基本都没有定价。这对享受这些功能的消费者来说已经足够了，但（提供人工智能的企业等）说到可以收钱吗？就难了。

在医疗领域人工智能可以储存各种信息，虽说可以提供私人定制式的医疗服务，但说到个别企业能否独占诊断数据，还真是个问题。因为这是公共财产，恐怕不允许专门的 IT 企业用这些信息去收取报酬。看病的效率提高了，用很低的费用就能向患者提供正确的诊断结果，这是好事，但从商业的角度，我认为是很难赚到钱的。

问：那么，什么样的领域会有收益呢？

答：人工智能走进真实的物质世界的时候，带着"金钱的味道"，无人驾驶汽车就是典型的例子。无人驾驶技术一旦被实际运用，将有一半以上的汽车安装该技术。暂且不论收益应该归汽车生产厂家还是零部件生产厂家，孕育出新的经济价值这点是无可厚非的。

零部件生产厂家获利的是（在电脑方面）美国英特尔公司的 CPU（中央处理器）。在无人驾驶汽车中安装的基础零部件恐怕会和 CPU 一样形成垄断，发展出新的商机。不仅是无人驾驶，像机器人等也有可能如此。在真实的物质世界，很难形成和以前的 IT 一样的"通用应用平台"。无人驾驶技术到底只是无人驾驶的技术，很难用于其他用途。因此，每个产业都会有区别于其他产业的元素。

问：日本企业在 IT 商务上远不及美国。现在有在人工智能的开发利用上日本也"无法战胜美国"的悲观论。

答：没必要这么想。做了不起的事与产生收益要另当别论。阿尔法狗不可能实现盈利。况且在人工智能的世界里谈论国籍毫无意义，DeepMind 里也有不同国籍的人，也许项目一结束，他们就会离开 DeepMind。和 20 世纪设备集约型的产业不同，尖端的人工智能是每个个体共同合作，一起研究开发出来的。有趣的项目一旦启动就会有人聚集到那里。当然，也可以说这就是日本，"日式的"企业与以前以互联网为中心的虚拟的随意的世界是有冲突的。然而，今后人工智能也走进了现实的严肃的领域，这里才是一决胜负的地方，在这里，日式企业也有胜算。

问：也就是说占压倒性优势的美国企业不一定能获胜？

答：现在不过是陷入了以为谷歌的荣华能够永远持续的错觉中罢了，我们不能忘记历史。曾经我们也以为 IBM 的荣华能一直持续，然而它崩塌了。谷歌也罢、苹果也罢，都不能保证一世的荣华。我认为人工智能一旦走进真实的世界，游戏会再次启动。丰田汽车可能会摇身一变成为霸主，英特尔公司也可能成为王者，全新的风投企业也有可能掌握霸权，这些谁都不清楚。

问：那么日本的企业该怎么做呢？

答：闭关自守是不会有改变的。要与美国 IT 产业等开放的人们竞争，需要有开放的思维。日本的企业一直以来，原则上是在封闭的环境里从事产品的开发，吸取国外的知识也只是个别例子。实际上一直都是这样。今后这会变成一半一半，没有原则与个别例子，而是只有原则。对于与这种战略相匹配的经营模式和人事制度，我们需要与之相应的文化。例如，某家汽车生产商决定录用两名来自东京大学的研究生。一人是机械工程系的生产技术员，年收入 500 万日元。另一人是来自人工智能研究室，是进入世界排名的技术型人才，让他参与了无人驾驶的开发项目，虽然准备给他的年薪是 1500 万～2000 万日元，却不是终身雇用。都来自同一所大学，工资、工作岗位却有如此大的差异。必须要让员工自然而然毫无压力地接受这种差异。（记者：生川晓）

事例

AI 创作"专属你的一首歌"
——根据你喜欢的曲调创作

根据所回忆出的歌，人工智能创作出"专属于你的一首歌"。东京都市大学的大谷纪子教授等人挑战了这项试验。

让普通人列出回忆出的三首歌，人工智能提取歌中的曲调和旋律，根据这三首歌的曲调和旋律特征创作新歌。2017 年 6 月 11 日在该大学横滨校区的校园文化节中新歌第一次亮相。一位 20 世纪 80 年代出生的男子在音乐会上聆听音乐家的现场演奏，他是从报名参加试验的人中选出的，就住在当地。该男子列举的是年少时听过的名曲。流动的旋律中充满着浓浓的思乡之情，让人又回到了昭和时代。蜂拥而至的听众也听得津津有味。音乐会结束后，询问该男子的感受，他笑着回答说："真是感慨万千。"

"我想让大家亲身感受最先进的人工智能技术。"大谷教授提到了这次活动的目的。虽然人工智能在研究和商业领域已经推广，但在一般人眼里它还是一个神秘莫测的东西。大谷教授想通过音乐缩短这个距离。记录青春时代酸甜苦辣的歌曲、遭受挫折时鼓舞人心的歌曲……每一个人都有一首封存在记忆中的歌。根据这些难忘的歌让人工智能创作出一首打动人心的新歌曲，科学家们正在努力将其成为现实。让人工智能创作歌曲已不是什么稀奇的事，今后还会以各种各样的形式来推广这项技术。

事例

官民合作数据立国
——富士通的 AI 做的实证试验

将分散在日本各处的大数据用人工智能来分类的大型试验开始了。这是由内阁官房组织实施，利用富士通的人工智能整理各省厅、地方自治体公开的庞大数据和信息的行动，旨在有效地利用这些"沉睡的宝山"。为了最大限度地发挥人工智能的能力，必须保证数据的准确性。在日本 AI 革命进展缓慢，这是打破这种"停滞感"的起爆剂。

这要追溯到 2011 年 3 月的东日本大地震。尽管手边有避难所等很多要发送的信息数据，可是各省厅和自治体之间相互却对接不上，一时间陷入手足无措的僵局。我们的蓝图是希望能够有效活用公开数据，将其作为有益资产供企业和个人使用，创造出一个新的商业模式。与其说是公开数据，倒不如说是各种信息的大熔炉。里面不仅有像人口统计、产业结构、地理位置等数字形式的信息，还有白皮书等文字形式的信息以及关键词等，可谓五花八门。光内阁府、警察厅、防卫省等 22 个相关省厅掌握的公开数据目录就有将近 2 万个。这次整理的对象是地方自治体公开的能够二次利用的数据。至 2017 年 7 月只有 280 个自治体加入此次整理活动中，内阁官房要求至 2020 年前全部共计 1788 个自治体都要参加进来。收录所有数据后由人工智能做全盘梳理，"希望人工智能能简单完美地整理完这些数据，完成一场新的信息处理革新"［内阁官房信息通信（IT）综合战略室］。

内阁官房的这次大型活动是有先例的。美国纽约市在前市长迈克尔·布鲁伯格（Michael R.Bloomberg）的指挥下建立了数据分析小组，将各部门各自为营的数据统合起来进行综合分析，提高行政服务效率，率先实施了面向低收入人群的政策立案，内阁官房也向企业和即将投放市场的风投企业开放，力图有效使用这些前所未有的公开数据。当然，对于个人信息管理等需谨慎。富士通在西班牙圣卡洛斯（San Carlos）医疗医院用人工智能分析了患者数据，使医生诊断时间减少了一半，成绩显著。这个成果受关注的关键点在于它是与匿名技术完美组合，是合理有效地使用数据的先进事例。

在老龄化日趋深化的日本，医疗、看护等数据的信息量和整理方法等备受国外关注。如果这样的项目能够继续深入下去，"数据立国"未必是痴人说梦。美国的谷歌、Facebook 都是一个企业独占庞大的数据，而且在人工智能研究领域也遥遥领先。"技术上的差距是有点，但更重要的是向人工智能输入什么数据，虽然起步晚但未必追不上。"富士通在人工智能界"开放资源"
已成常态，将来还会开创一个以技术竞争为核心的全新的领域，
其中也包括阵营建设。

第 六 章

直面 AI，改变世界

1 消除
差距

42 岁 CEO 的使命

2018 年 2 月，世界排名第二的制药公司诺华（Novartis，瑞士）诞生了一位 42 岁的 CEO——现任开发部门负责人的瓦斯·纳西姆汗（Vasant Narasimhan）。"通过人工智能能够发现新的患者，他们能够接受药物的治疗。" 纳西姆汗说道。并且他还把利用人工智能改变制药公司的经营作为他的使命之一。

希望能为发展中国家研制出新药

纳西姆汗在哈佛大学研究生院取得医师资格后，为了解救苦于艾滋病和结核病的患者们，他前往发展中国家，在那里工作。他在工作中领悟到"只有新型的药剂才能拯救世界"，于是 2005 年进入诺华工作。以发达国家为主每年世界上都有 590 万的 5 岁以下的儿童死亡。在纳西姆汗的祖国印度，那些得不到救治的人们更是痛苦不堪。

研发新药的成本在不断地上涨。研发出治疗癌症等疑难病症的新药需要花费 10 年以上的时间和千亿日元的金钱。药价有时会涨到数千万日元，甚至会动摇到国家的财政。

要如何才能把药剂普及世界的各个角落呢？站在药物研发最前

沿的纳西姆汗认为，灵活运用人工智能技术才是解决这一问题的突破口。

诺华每年要做 500 例的临床试验，但临床试验得到的数据中只有 30% 的数据被用来做分析。纳西姆汗现在已经集合了 200 人的数据分析家，正加紧开发一个新系统，即让人工智能寻找最适合接受临床试验的患者并预测试验所需成本和试验效果。

人工智能已经开始拥有了改变所有产业现有方式的能力。对此人们并没有畏惧它，熟练掌握人工智能，将其作为经营的一种手段，像纳西姆汗一样具有这种想法的新时代的经营者们正在崛起。

根据客户类别发放保险金

"从事保险行业靠的是知识和经验，但是熟知顾客的人工智能或许会改变这一规则。"中国首家互联网保险公司，众安在线财产保险的首席运营官（COO）许炜说。

阿里巴巴和腾讯控股（Tencent）等均向众安投资，创业仅 4 年就签了 80 多亿份合同，成为中国金融科技企业的代表之一。

许炜在保险行业是一个门外汉。他曾在美国谷歌工作了 8 年，担任广告服务的负责人。因为站在时代最前沿的他看到了通过数据和人工智能产生新价值的全过程，所以他说道："由一个个独立的客户积累的 80 亿份合同，从这些合同中得到的数据是我们的最强大的资本。"许炜现在在寻求一种新的保险形态，连血糖值等都可以详细地体现在保险金中。

众安在经营上也是向着极致的高效化发展。现在顾客咨询的问题中有 97% 都是由"聊天机器人"来回答。"顾客们或许仍旧希望与人交流，不过中国的年轻一代或许会逐渐接受能够高效解决问题的人工智能吧。"许炜相信人工智能产生的新的价值必将改变人们的认识。

我们要用积极的态度直面这个给人希望又令人恐惧的人工智能。让我们勇往直前、改变世界。

2 不要制造"杀人机器人"
——斩断威胁的苗头

我们能够防止"杀人机器人"的出现吗？经众多创业家们呼吁，2017 年 11 月在瑞士召开了首届关于智能武器的联合国专家会议。

"处于无人监管状态下的人工智能开发竞赛继续下去的话，将来用 1 美元就可以杀人。"网络免费通话软件 Skype 的联合创始人之一的让·塔林向我们敲响了警钟。

由塔林等人所创办的非营利组织提出了"保障人类的主导地位""禁止智能武器军备竞争"等"阿西洛马人工智能原则"。并于 8 月发布了要求联合国禁止"杀人机器人"的倡议书。包括美国特斯拉（Tesla）的 CEO 埃隆·马斯克和苹果创始人之一史蒂夫·沃兹尼亚克（Stephen Gary Wozniak）在内的 100 多人都一致赞同。

世界分裂之忧

2005 年，塔林将 Skype 卖给了美国的易贝（eBay）公司，用这笔钱去投资初创企业，并且在与研究人员的交流中深刻认识到了带有敌对性质的人工智能可能产生的危险性。于是塔林投入了自己的金钱和精力来防止这种危险性的产生。

塔林的祖国爱沙尼亚，曾饱受德国、俄罗斯等周边列强纷争的
折磨。爱沙尼亚人民为了反抗侵略，经过不懈努力终于从苏联
的占领中独立出来。塔林强调："正是现在，全世界必须共同
承担人工智能带来的负面作用。"

人工智能的研发已经上升为国家之间的竞争。中国发布了到
2030 年前将人工智能相关产业的市场规模扩大到 10 兆元的计划。
俄罗斯总统普京也这样说道："谁能成为这个领域的领袖，谁
将成为这个世界的统治者。"

无秩序可言的人工智能研发竞争可能会引起世界的分裂。研究
人员以及创业家们已经产生了危机感，全球的企业纷纷开始采
取行动。

与对手合作时代的到来

2017 年 12 月，平时互为对手进行激烈竞争的 30 多家企业与组
织，就"人与 AI 的共存""AI 的安全管理"等 7 个主题展开了
讨论，准备数年内制定关于人工智能开发的指导方针。除了谷歌、
埃森哲、索尼等企业之外人权组织也参加了这次的讨论。主持
制定指导方针的是在 IBM 从事人工智能伦理研究的弗朗切斯卡
罗西。"（这场讨论的目的）不是成为人工智能的警察，而是

寻求大家都认为好的最适合的方法。"罗西说。

罗西在意大利的一所大学教授计算机科学，她认为人工智能做决断也需要透明性，于是她进入 IBM 工作。"在网络上搜索关于'奶奶'的图片资料时，搜到的净是白人的照片。人工智能的判断依据单一，这样的人工智能是不会被人相信的。"罗西说。

而事实上，参加制定指导方针这个项目的企业中，欧美企业占了一大半，日本企业仅有索尼一家参加，所以恐怕指导方针会以欧美的想法为标准。罗西呼吁道："如果没有各业种、各地域的企业参加的话，我们的理想恐怕无法实现。"

向创造人工智能的人类举起反旗。为了防止这种科幻小说里的剧情成为现实，在人工智能开发的最前沿越来越多的人携起手来。

3 金融界掀起新风浪
——挑战巨人的统治

以 1000 美元起家的对冲基金，现在的日均交易额为 10 亿美元。
2012 年，三名学生在美国波士顿创立了 Domeyard。Domeyard 的
人工智能通过机器学习分析股票市场的交易数据，以高频交易
的方式执行交易。

技术革新迟缓

生于中国，在美国长大的 Domeyard 的联合创始人之一的克里斯
蒂娜·齐（26 岁）曾在麻省理工学院攻读金融专业。住在她隔
壁寝室的是学习电子工程学的乔纳森·王，以及就读于哈佛大学，
学习物理和数学的卢卡·林。三人共同研发的程序首先打入了
欧洲市场，成为现在大型公司也着手发展的 AI 基金的先驱，并
且瞬间集结了 1900 万美元。"我想通过具有创造性的改变，像
西海岸的高科技产业一样，改变金融领域。"克里斯蒂娜·齐
关于创业动机如是说。

20 世纪 80 年代，美国国家航空航天局（NASA）的工程师们涌
入华尔街，加速了技术的革新。但是，由一小部分的巨大资本
独占人才和技术的想法没有改变。由金融工程学产生的金融衍
生商品引发了 2008 年的金融危机。

现在，优秀的千禧一代，如麻省理工学院的学生们所看到的金融界是既贪婪又陈旧的。已经失信的金融界疲于应对规则，技术革新迟缓，对无现金交易的新需求已陷入了被动的状态。

如何才能将金融界变成像硅谷那样由多样化的人才引领技术革新的产业呢？克里斯蒂娜·齐他们得出的答案是，即使没有资金和业绩，只要能引发业界的革新就足以证明实力。

集 3 万人之智慧

AI 正在开始破坏金融界的秩序。据英国牛津大学的调查显示，在未来最有可能消失的职业前 50 名中，有 9 种职业与金融相关。在日本巨大资金银行（总资产超过 1 万亿美元的巨大银行的组合）也开始了裁员行动。而另一方面，也诞生了操纵人工智能的挑战者们。

美国对冲基金"Numerai"的创始人，来自南美的理查德·克莱布说："预测模型的开发者有来自俄国的、来自德国的、来自全世界的。也有来自日本企业的技术人员。"

在 Numerai 上无论是谁都可以发布通过人工智能得到的股票价格的预测模型。现在，股票的交易是通过大约由 3 万人所开发的约 100 万的模型来进行，成绩最好的前 100 个人可以得到报酬。如此新颖的做法，吸引了谷歌等的人工智能技术人才和投资者。

在运用领域，与股票指数联动的被动形态得到广泛运用，虽然省去分析师的费用，可以降低成本，但资金不能流入那些没有纳入股指的成长型企业，促进企业新陈代谢的功能势必遭到破坏。克莱布坚信以人工智能为媒介可以搜集人们多种多样的价值观从而可以建立一个健全的市场。"雷曼"事件后的 10 年，致力于使用人工智能开发新型金融模式的人才希望能覆盖到长期以来耗资巨大的生态系统。

4 培养"本土人"
——十几岁孩子描绘的 与 AI 共生活的画面

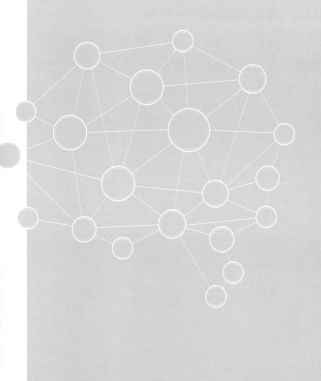

233

"我要帮苦于眼疾的爷爷治病。"美国弗吉尼亚州一位 16 岁的高中生科帕罗的脑海里浮现出了人工智能。

利用应用程序诊断疾病

科帕罗自己开发了一个手机应用程序，并且用 3D 打印机制作出了爷爷专用的镜片。这个应用程序将所拍摄的眼球的照片与 3.4 万人的数据进行对比，通过机器学习，诊断出爷爷有"糖尿病视网膜病变"的征兆。她打算完成检验试验之后将这个与弟弟和朋友一起开发的程序投入市场。

科帕罗从小就喜欢科学，电脑和智能手机伴着她长大。现在作为推广女学生的理科教育组织的 CEO 往返于世界各地。

2017 年 5 月，科帕罗站上了 TED（technology，entertainment，design 在英语中的缩写，是美国的一家私有非营利机构，该机构以它组织的 TED 大会著称）大会的舞台，她强调"所有解决方案中都少不了人工智能"。

人工智能的确就在我们身边。在日本，十几岁的"AI 本土人"也逐渐崭露头角。

从事面向中小学生的程序设计教育的 NPO 法人 HACK JAPAN(大阪府丰中市) 的代表理事（CEO）小山优辉（19 岁）从小学开始就在网上发送信息，到了中学就正式开始做程序设计了。

小山优辉拥有的第一台智能手机中就具备人工智能的功能。他从这时开始就认为"人工智能是人能控制的东西"，这个想法也体现在之后的经营当中。

大部分的 NPO 的成员都是与小山优辉同岁数的学生，他们利用学习的闲暇时间通过远程操作进行工作。通过人工智能分析与顾客之间来往的所有数据，以此来决定最合适的商谈时间以及负责人。小山追求高效的工作方式。他认为"人工智能是将人从长时间疲劳工作中解放出来的关键，如果在人手不足的日本积极地使用人工智能的话就可以获得极大的利益"。

预测 2045 年"奇点时刻"将到来的美国发明家雷·库兹韦尔这样说道："我们用火取暖、做饭，但火也会烧毁我们的房屋。技术就是一把双刃剑。"

受益的是人类

人工智能也一样，有可能毁灭人类社会的一切产业、工作，以

及价值观。不过人类依靠动物们发自本能感到畏惧的火创造了
自己的文明。不管是犹豫不前，还是矢志前行都能够改变未来，
而 AI 本土人选择了后者。

14 岁的中学生菅野枫住在东京都内，他的梦想是制作出能写出
热门作品的软件。菅野获得过许多的奖项，他 10 岁的时候就在
针对 22 岁以下人群的程序设计大赛中获奖。他用自然语言处理
程序来分析热门电影的脚本，从出场人物的感情变化到故事的
类型，都一一进行了深入的研究。"总有一天人工智能会创作
出比人类更有趣的东西，而人就只剩下'享受'了。"菅野说。

我们很难预测奇点到来以后的事情，不过那个时候肯定有一个
人类与人工智能共存的世界。新的一代将会书写新的历史。

事例

在日本，AI 教育的意识弱

人工智能在逐渐改变社会，那么我们该如何教育下一代？教育问题又被重新提上议事日程。

2017 年 11 月，初中高中一体的圣光学院（横滨市）与索尼计算机科学研究所等共同开展了主题为"AI 本土人与教育"的研讨会。关于本次研讨会的目的，圣光学院的工藤诚一校长提出问题："据说 2045 年后，人工智能将超越人类。那么我们该如何执教？"

在研讨会上，雅虎的安宅和人首席策略长强调应该训练人们的分析能力。他指出："教学生生存之道的基础教育正在发生改变。"

据日本总务省 2016 年的报告显示，自己想要取得一定的资格以及想让孩子学习一项技能这一条，回答无的人日本占 38.5%，而在美国则是 15.2%。日本的人数明显多于美国，从中明显看出日本人学习人工智能技术的意识弱。

237

图：日美有关人工智能技术的学习欲望之比较

（自己想学 / 家长想让孩子学习人工智能技术）

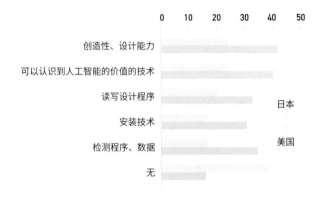

注：日本经济新闻社根据总务省提供的资料制作

Cyberagent 旗下的程序设计学校 CAtechkids（东京都涩谷区）学校的上野朝大董事长这样说道："今后不管选择什么样的职业，都必须具备一定的电脑知识、了解人工智能。"

未来的时代将会把处理大量信息的任务交给人工智能，针对人工智能能够正确把握数据内容并解决问题的能力，人类又如何与之一较高低呢？这个问题至关重要。

《AI 与世界》采访小组名单：

宫泽彻、古田彩、近藤英树、佐藤昌和、熊野信一郎、中山淳史、板津直快、小川義也、阿曾村雄太、栗井康夫、阿部哲也、小山隆史、濑川奈都子、杉本晶子、多部田俊辅、岩村高信、松田省吾、中西丰纪、森园康宽、黄田和宏、户田健太郎、竹内康雄、小泽一郎、岩崎贵行、关优子、近藤佳宜、生川晓、八十岛绫平、山下晃、小野泽健一、佐藤浩实、林英树、中川雅之、福冈幸太郎、深尾幸生、齐藤美保、川上梓、花田幸典、岩户寿、花田亮辅、饭岛圭太郎、矢野摄士、上野宜彦、菊池友美、谷茧子、罗宾·克恩

（京）新登字083号

图书在版编目（CIP）数据

AI，2045 /日本经济新闻社编著；汪洋译. —北京：
中国青年出版社，2019.8
ISBN 978-7-5153-5706-5

Ⅰ.①A… Ⅱ.①株… ②汪… Ⅲ.①人工智能—研究 Ⅳ.①TP18

中国版本图书馆CIP数据核字（2019）第148350号

北京市版权局著作权合同登记 图字：01-2019-1030

责任编辑：李　茹 liruice@163.com
书籍设计：瞿中华

出版发行：中国青年出版社
社址：北京东四十二条21号
邮政编码：100708
网址：www.cyp.com.cn
编辑部电话：（010）57350508
门市部电话：（010）57350370
印刷：北京盛通印刷股份有限公司
经销：新华书店
开本：880×1230 1/32
印张：8
字数：152千字
版次：2019年9月北京第1版
印次：2019年9月北京第1次印刷
定价：50.00元

本图书如有印装质量问题，请凭购书发票与质检部联系调换
联系电话：（010）57350337